多肉小世界

识别多肉并不难

慢生活工坊 / 编著

Identification of the Succulents

浙江摄影出版社

责任编辑：张　宇
装帧设计：慢生活工坊
责任校对：王　莉
责任印制：朱圣学

图书在版编目（C I P）数据

识别多肉并不难 / 慢生活工坊编著. -- 杭州 : 浙江摄影出版社, 2015.1
（多肉小世界）
ISBN 978-7-5514-0881-3

Ⅰ. ①识… Ⅱ. ①慢… Ⅲ. ①多浆植物－图谱 Ⅳ. ①S682.33-64

中国版本图书馆CIP数据核字(2014)第309751号

多肉小世界：识别多肉并不难

慢生活工坊　编著

全国百佳图书出版单位
浙江摄影出版社出版发行
地址：杭州市体育场路347号
邮编：310006
网址：www.photo.zjcb.com
制版：杭州真凯文化艺术有限公司
印刷：杭州星晨印务有限公司
开本：1/20
印张：7
2015年1月第1版　2015年1月第1次印刷
ISBN 978-7-5514-0881-3
定价：32.00元

前言

多肉植物在园艺上又称多浆植物，是指植物营养器官的某一部分（如茎、叶或根）具有发达的薄壁组织，在外形上显得肥厚多汁的一类植物。它们外表肥胖可爱，养护简单方便，深受人们喜爱。

多肉植物的品种很多，外形特征和生长习性有诸多差异，欣赏和养护的方式也有所不同。想要很好地玩赏多肉植物，就必须先认识它们。

《多肉小世界：识别多肉并不难》正是这样一本帮助大家识别多肉植物的书籍。本书介绍了近两百种最为常见的多肉植物，用科学严谨的文字简明地阐述了每种多肉植物的种属名称、植株形态、养护要点等知识。

这本书最大的特点是，它并没有像其他多肉植物图书一样，简单地罗列多肉植物的图片与信息，而是将多肉植物放在特定的场景中加以识别，比如在多肉植物的组合盆栽中认识它们。在一定环境中的邂逅总比干巴巴的展示更让人印象深刻。

由于这本书把多肉家族中最为常见的品种汇集在一起，所以还可以作为一本手册性的读物放在身边，遇到一种不认识的多肉植物时，便可翻阅查看相关知识，了解它的全貌与特性。

慢生活工坊

目录

Chapter 01
爱上多肉植物

Chapter 02
多肉植物的组合示范

Chapter 03
多肉植物的花器选择

Chapter 04
多肉植物的旧物利用

Chapter 05
多肉植物的家居摆放

Chapter 01

爱上 多肉植物

多肉植物，许多人在第一次和它邂逅时便疯狂地爱上了它，然后才开始了解它、养护它，在多肉的世界中无法自拔。

多肉植物的前世今生

什么是多肉植物

多肉植物又称多浆植物，是指具有肥厚多汁的肉质根、茎、叶的植物。这类植物具有发达的薄壁组织，储水功能强大，仅靠自身存储的水分就能生存很长时间，浇水及其他养护非常简便，因此有“懒人植物”之称。

多肉植物大多原生于非洲干旱的沙漠地区，因此很多人认为它们就是沙漠植物，如仙人掌类；其实，还有许多多肉植物生长在高山、戈壁等环境中，在阳光充足的地方，几乎都能见到多肉。

多肉植物的适应、繁殖能力很强，品种多样，已知的多达一万余种，都属于高等植物。

多肉植物凭借萌拙可爱的外形赢得了许多人的喜爱，养护多肉在很多地区已经相当流行。

近年来，多肉植物养护发展迅速，它已经融入了很多人的日常生活，成为他们不可或缺的精神伴侣。

萌萌的多肉植物

多肉植物品种多样、色彩艳丽，凭借着萌拙可爱的外形赢得了许多人的喜爱。

多肉植物的种类

全世界共有多肉植物一万余种，在植物分类上隶属几十个科。个别专家认为在 67 个科中包含有多肉植物，但大多数专家认为多肉植物只有 50 余科。

在我们的日常生活中，常见的多肉植物成员有景天科、番杏科、百合科、大戟科、仙人掌科等，每个科下又有众多种属。下面以最常见的景天科为例进行介绍。

景天科的多肉植物形态大致分为两类，即柱状和玫瑰花状。该科植物为多年生肉质草本，夏秋季开花，花小而繁茂，表皮有蜡质粉，主要分布于非洲、亚洲、欧洲、美洲，其中以中国西南部、非洲南部及墨西哥种类较多。该科下又包含有景天属、石莲花属、伽蓝菜属等成员。

景天属：叶互生，呈花形，代表植物有虹之玉、玉缀等。

石莲花属：呈莲座状，易群生，代表植物有霜之朝、女雏等。

莲花掌属：茎直立，像撑开的雨伞，代表植物有莲花掌等。

伽蓝菜属：叶对生，时有羽状分裂，代表植物有月兔耳等。

青锁龙属：茎细，易分头，且多垂直向上，代表植物有钱串等。

银波锦属：叶对生，叶上有波状凹陷，代表植物有银波锦等。

多肉植物养护的发展趋势

多肉植物自被人们认识和熟悉以来，以飞快的速度和强大的渗透力在各个城市流行，成为人们日常生活必不可少的陪伴物。在广为流行的过程中，多肉植物养护也在不断发展。

多肉植物养护的发展趋势主要表现在三个方面。

第一，从多肉植物本身来看，除了继续追求外观的美丽之外，人们越来越注重多肉与盆器的搭配，注重盆栽的整体美与和谐美。

第二，从盆栽制作来看，有创意的盆器和不同品种多肉植物的混搭越来越被人们所喜爱，也逐渐成为多肉植物的最大亮点。

第三，从人们的养护方式来看，多肉爱好者不只是单纯地购买多肉植物，而是更喜欢亲自动手制作有新意的混栽组合，体验其中的乐趣。

各式各样的多肉盆栽

多肉植物的可爱之处

品种多样　形态各异

多肉植物的可爱之处很多，最直观的表现是它们多样的品种和各异的形态。品种多样、形态各异也是大家喜欢多肉的主要原因之一。

从品种上说，世界上已知的多肉植物有一万余种，是一个庞大的家族；从形态上说，多肉植物的形态千变万化，每一种都是独一无二的，各有自己独特的魅力和趣味。常见的有特色的多肉很多，比如莲座状多肉、石状多肉等。

莲座状多肉像是一朵朵花瓣肥厚的花儿，奇异而又美丽。

生石花外形酷似石头，中间的缝隙处还会开花，新奇又好玩。

仙人掌多肉长满毛和刺，却能开出美丽的花朵，被彻底征服了吧？

熊童子的叶片生有许多小绒毛，极像熊爪，真是太萌太可爱。

玉扇，厚厚的叶片排着队生长，的确像一把绿色的小扇子。

易丛生、缀化的多肉，杂乱中彰显一种特别的美感。

色彩缤纷　富于变化

多肉植物的另一个可爱之处表现在叶片色彩的缤纷绚丽和神奇变化上。

多肉植物品种多样，每一种都有自己独特的色彩，千变万化的颜色使多肉植物更加美丽多姿，这是多肉大受欢迎的又一个重要原因。

多肉色彩的迷人之处主要表现在三个方面。

其一，多肉植物的色泽多种多样，红、白、黄、绿、黑等均有。

其二，多肉植物叶片的颜色大多不是单一色彩，而是多种色泽相互搭配。

其三，多肉植物在不同条件下会呈现出不同的色彩，比如筒叶花月在正常情况下呈绿色，在充足的光照下则会转红。

黑法师呈独特的黑色，是黑色多肉植物的代表，非常受欢迎。

白凤长时间呈青绿色，叶片表面被有浓厚的白粉。

花月夜的叶面整体呈黄绿色，叶尖及叶缘处带有红色。

叶片上的白色绒毛加上叶尖的褐色斑纹，形成了月兔耳独特的色彩。

在日照充足、温差增大的条件下，绿色的清盛锦转变为美丽的红色。

玉露、姬玉露等多肉透明度很高，逆光下看很像透明的水晶。

管理方便　养护简单

多肉植物的管理养护简单、方便，不用太多呵护就能养出健康美丽的多肉。

多肉植物除了在形态、色彩方面的妙处之外，养护方面也很有特点——它们不需要太多管理，简单处理即可健康生长。

多肉植物和其他植物不同，自身的生理特点决定了它们具有强大的储水功能和生命力，在养护上简单方便，省事省心。

多肉植物有“懒人植物”之称，其管理养护比较简单、方便，即使是懒人也能将它们养好。多肉植物不需要太多的照顾，只要放在光线较好的地方即可健康生长。

多肉植物不需要多浇水，每浇一次水之后，一周甚至一个月之内都不用再浇。

多肉植物看起来很像花朵，只要稍加管理，即可全年保持最美的状态。春秋季节，光照充足、温差增大的时候，不用操一点心，多肉植物也会有丰富的色彩。

养护简单的多肉植物

装点居室　健康环保

多肉植物有装点居室的作用，健康无污染。

用绿色、无污染的多肉植物来装点我们的卧室、客厅、办公室等处，可以畅快地享受大自然带给我们的清新感觉，健康环保而又不失趣味。

多肉植物有装饰功能是毫无疑问的，但有些人不仅仅把多肉植物作为一种装饰品，更是为了得到商家所说的防辐射等附加功能。

不少人认为，在电脑桌上摆放一盆仙人掌或仙人球，可以达到预防辐射的效果。这样一个似乎人人皆知的“真理”其实是商家的炒作，利用人们关注健康的心理来兜售商品。其实，多肉植物在净化空气、防辐射等方面的作用是微乎其微的。

科学研究表明，仙人掌、仙人球等植物以及其他多肉植物都没有防辐射的作用。通过景天科酸代谢途径进行新陈代谢的多肉植物可以释放氧气，但释放量微乎其微，而且不是所有的多肉植物都具有这种功能。卧室里的多肉植物释放的微量氧气作用不大，相比之下，晚上睡觉时开一点点窗户的效果都要好很多。

利用多肉植物净化空气是不靠谱的，有害气体对植物也有很大的伤害。

不过，摆放在电脑桌上的绿色多肉对视力有很好的调节作用。

对于上班族而言，忙里偷闲时欣赏一下美丽的多肉，岂不惬意！

用多肉植物做家居装饰，
健康环保又清新自然。

多肉植物养护日志

土壤很重要

多肉植物对土壤没有太高的要求，几乎什么土壤都可以用来种植；但如果想把多肉养好，想在后期的管理与养护中更加省事、省心，就要根据不同多肉的习性选择最佳的土壤，必要时还可以自己配制合适的土壤。虽然用什么样的土都可以养活多肉，但是，好土养出来的多肉会更加艳丽、迷人。

多肉用土的种类

① 园土

菜园、果园等地表层的土壤，肥沃、通气性好。

② 赤玉土

由火山堆积灰堆积而成，非常利于储水和水分挥发。

③ 河沙

多取自河滩，排水性能好，但无肥力。

④ 准备土

黑色颗粒状土壤，具有良好的排水性和透气性。

⑤ 蛭石

由黑云母经热液蚀变作用或风化而成，透气性良好。

种植多肉所用的土壤主要有两种。一种是园土、沙土等，这类土壤肥力高、土质疏松，有利于多肉植物扎根、生长；另一种是颗粒类介质，这类土壤主要用来增加肥力、增强排水性能和透气性能，如我们常常见到的黄金石、发泡炼石、珍珠岩、蛭石等。

在所有的多肉用土中，最常用的是泥炭土。泥炭土是指在某些河湖沉积平原及山间谷地中，由于长期积水，大量分解不充分的植物残体积累形成的泥炭层的土壤。这种土壤含氧量十分充足，松软透气，非常利于初期植物生根，也是配制培养土的主要成分。

除了泥炭土之外，还有以下几种常见的土壤。

腐叶土：植物枝叶在土壤中经过微生物分解发酵后形成的营养土。这种土壤土质疏松，透水通气性能好，保水保肥能力强，且多孔隙，不板结。

沙土：沙与黏土混合而成的土壤，土质疏松，透水透气性能好，但保水保肥能力差，耕种时需要改良。用来种植多肉时，一般要与其他土壤混合。

珍珠岩：一种火山岩高温下膨胀的产物，吸水量可达自身重量的 2 至 3 倍，透水透气性能好，是改良土壤的重要物质，一般与泥炭土混合使用。

鹿沼土：由下层火山土生成，呈火山沙的形式，pH 值呈酸性，有很高的通透性、蓄水性和通气性，用于土壤改良能产生良好的效果。

除了上述几种土壤之外，还有一种比较特殊的栽培基质——水苔。

水苔是一种天然苔藓，具有极好的蓄水能力，是种植栽培基质的上等材料之一。使用前先把干燥的水苔在清水里浸泡一段时间，吸饱水的水苔会渐渐恢复生机，体积增大数倍，挤掉大部分水分之后就可以用了。

水苔是一种纯天然产品，材料干净，无病菌，能减少病虫害的发生。而且水苔的保水及排水性能好，又具有极佳的通气性能，不易腐败，可长久使用，换盆亦不必全部更新材料。

但是，使用水苔作为栽培基质也有一定的弊端。用水苔种植多肉植物或作铺面装饰，刚开始时很美，但随着时间的推移、浇水次数的增加，水苔就脏了，导致盆栽的整体效果大打折扣。如果处理不当，比如水分长期过多，还有可能导致水苔长霉斑。

多肉用土的混合使用

与野生环境中的多肉植物不同，盆栽多肉需要保持良好的排水性和通气性。因此，在制作多肉小盆栽时，常使用多种土壤的混合物作为培养基质，最常用的配土方法是“泥炭土 + 颗粒”。下面是一个盆栽的用土情况示例。

铺底颗粒的主要作用是提高排水和透气性能。

颗粒植料一般都具有良好的透气性，珍珠岩、陶粒、火山岩等都是颗粒植料。在配土过程中，多加入一些颗粒植料，能提高根系的呼吸能力，从而提高土壤的使用效率。

占主要部分的泥炭土放置在陶粒等颗粒土之上。

在容器底部铺置一层利于排水、透气的颗粒土之后，即可放入作为培养基质主体的泥炭土。泥炭土土质疏松、有机质含量高，利于多肉植物扎根、生长。

颗粒物除了铺底之外，还有其他功用。

一些颜色较为亮丽的颗粒物，如珍珠岩、黄金石等，不仅可以铺在容器的底部以增强排水性和透气性，而且可以将它们作为盆栽的铺面装饰，增加盆栽整体的视觉美感。

用颗粒介质作铺面装饰有以下几个作用。

一是固定植株。有些多肉植物根系较浅或较软，有点头重脚轻，栽种后不是很稳妥。在介质表面堆一些铺面的颗粒，在植物扎牢根系前，可以有效地保持植株直立。

二是防止小虫子钻入种植介质内产卵，祸害植物根系，造成病虫害。

三是防止浇水时将土壤溅起，伤到植物根部。

四是用来衬托，让植物更美观。

人们可以单独使用颗粒介质来铺面，也可以混合使用，打造出沙漠、沙地等微景观。

多肉用土的杀菌

暴露在空气中的土壤很容易受到细菌的侵袭，虽然并不是所有细菌都有害，但为了把植物受害的可能性降到最低，不管是市场上买来的土壤还是自己配制的土壤，都需要进行杀菌。

最常用的土壤杀菌方法有两种，一是微波杀菌法，一是开水杀菌法。土壤待冷却后即可使用。

1. 微波杀菌法

① 将泥土湿润（一定要湿透，因为微波加热会蒸发大量水分）。

② 将湿透的泥土装进口袋中，打结，并用缝衣针在口袋上扎几个孔，以便透气。

③ 将口袋放入微波炉中，大火转动 10 分钟，如果是具有杀菌功能的微波炉更好。

④ 取出袋子，拆开结头，把泥土摊开晾凉即可。

2. 开水杀菌法

把土壤装在一个较大的容器中，倒入开水。为了使介质杀菌更为彻底，可以一边用铁铲翻动土壤，一边用开水浇注。

应该注意的是，使用开水杀菌法时，开水不能浇太多，否则会导致泥土过于湿润，长时间不能晾干。杀菌完毕后，将泥土摊开晾凉即可。

浇水得合理

水分的合理供给，是养护多肉植物的一个重要因素。

给多肉植物浇水，始终是一个令人头疼、不好拿捏分寸的难题。地域环境、季节温度、植物习性等许多因素都对浇水量有影响，甚至花盆材质、土壤、多肉大小等也不可忽视。影响浇水量的因素很多，多肉又不能离开水分，所以在浇水问题上，不管是新手还是老手，都应该谨慎小心。虽然看起来很复杂，但其实也有一定的规律可循。

你的“肉肉”缺水吗

多肉植物大多原生于沙漠或高山地区，相对干旱的生长环境使它们的茎干和叶片内都储存有大量水分，所以在日常养护中，浇水量一定不要太多，缺水再浇水。怎样判断“肉肉”是否缺水呢?

一般情况下，多肉植物在缺乏水分时，会通过消耗自身叶片的水分来维持正常的生长，这时，底部的叶片就会因为水分的缺失由鲜嫩变得干枯。因此，当看到多肉植物的叶片开始从底部干枯、掉落或出现褶皱时，就要考虑是否缺水了。

另外，部分多肉植物还会发出它们特有的缺水信号，比如番杏科和景天科的多肉植物缺水时，叶片会起褶皱，变得非常难看。还有许多多肉植物在缺水时，饱满坚实的叶片会变得柔软。出现这些现象时，也要注意给多肉补充水分。

需要注意的是，有时多肉植物的叶片出现干枯、褶皱或变软的情况也不一定是缺水。在多肉变软、褶皱时浇水，一般两天之内叶片就能恢复正常。如果连续几天没有改变状态，极有可能是植物的根系没有长出或已经坏死，植物无法吸收水分。

多肉植物因缺水导致叶片褶皱。

叶片因缺水而变软、腐烂。

生石花的叶片因浇水过多徒长。

恰当的浇水时间

多肉植物的需水量不多，很长时间才浇一次水，因此，需要选择恰当的时间来进行。

多肉植物性喜温暖、干燥，忌潮湿、阴冷，浇水要有适宜的温度。每个季节的气候条件不同，浇水时间也不一样。春秋季节几乎全天适合浇水，早晚气温较低或中午气温较高则不宜浇水；夏季全天气温普遍较高，但早晚相对凉爽，是浇水的最佳时间；冬季气温较低，最好在中午时分气温最高、日照最强时浇水，以免出现冻害。

正确的浇水方法

浇水时应沿着花盆边缘浇入，不要让水滴到叶片上，以免造成水伤。避免水流入叶片中心形成积水，因为积水容易聚集阳光，导致叶片被烧坏。最佳的浇水方法是使用专业的多肉注水器直接给土壤注水。如果不小心将水浇到叶片中心，应及时处理，可以直接吹掉或用纸巾吸干。一些多肉表面的蜡粉具有不可再生性，浇水时要尽量避免触碰。

正确的浇水方法

合理的浇水间隔

把握好浇水的时间和方法之后，还要了解一下浇水间隔问题。

很多人在刚开始接触多肉植物时，喜欢在一个固定的时间间隔浇水，因为许多图书上都有关于这方面的描述，比如一周一次、每月两次等。然而，由于影响多肉需水量的因素实在太多，如不同的地域气候、所用土壤的排水性与透气性等，因此多肉植物浇水的时间间隔不能一概而论，书中所说的只能作为大致参考，具体的浇水间隔还是要根据实际情况合理调整。

地域气候是对多肉的浇水问题最为重要的影响因素。多肉在世界各地均可种植，但是不同地域的管理养护有很大的差异。如果某一地域，全年气候温暖宜人，那么多肉几乎全年都在生长，就可以放心浇水；如果是一个常年高温闷热或阴冷潮湿的地方，多肉植物的浇水就相对比较麻烦。

天气情况也是影响多肉浇水间隔的重要因素。在连续的阴雨天里，不仅不能多浇水，而且要拉长浇水的时间间隔，因为阴雨天盆栽内的水分挥发较慢。晴天时，若温度适宜，则可以适当多浇水，缩短浇水的时间间隔。

花盆材质对多肉的浇水间隔也有很大的影响。例如，陶器虽然透气性好，但水分挥发快，因此浇水的时间间隔短，特别是春秋季气候凉爽、光照充足时，一两天浇一次水都可以。而瓷、铁、塑料等质地的花盆透气性相对较差，浇水间隔也要相应加长。

透气性较差的塑料花盆

植物生长习性不同，浇水时间及方式也有差异。图中的水晶宝草根系发达，需水量较多，可适当多浇水，这样才能保证叶片饱满、鲜亮。

除了气候等外界因素外，多肉自身的状况也会影响浇水的时间间隔，如多肉的生长习性、植株大小等。

多肉的植株大小与浇水的时间间隔密切相关。

刚种植的多肉植物，由于根系较少、对新环境有一个适应的过程，对水分的吸收能力较弱，所以并不需要太多的水分。但是，不需要太多水分不等于不要水分，对于新种的多肉植物，最好采用频繁而少量的浇水方式。而生长多年、植株健康的多肉植物，因为其根系已经非常发达，需水量多，所以要适当缩短浇水时间间隔，多浇一些水。如果是种植在透气性较好的陶盆中，一天浇一次水都是可行的。露养环境中，即使遇上连续阴雨天或暴雨天也没有任何影响，反而会生长得更好。

繁殖靠技巧

多肉植物有三种基本的繁殖方式，即叶插、扦插和分株繁殖。

叶插繁殖

叶插是多肉植物的繁殖方式之一，也是人工繁殖的主要方式，是一个漫长但很有趣的过程。多肉的叶插繁殖是指从健康的植株上掰下叶片，平放或插入准备好的土壤中，在生出根系或嫩芽时及时埋入土壤中，并少量浇水。并不是所有的多肉植物都适合叶插，而且品种不同，叶插的成功率也不一样。虹之玉、乙女心等景天属、石莲花属的多肉植物很适合叶插，而蓝松、熊童子以及青锁龙属、莲花掌属的多肉植物则很难叶插成功，有些根本不适合叶插。

叶插注意事项

叶插繁殖是一种极为精细的繁殖方式，因此要特别小心，应注意的是：采用健康的叶片可以大大提高叶插成功率；叶插的土壤最好使用混合基质，泥炭土、沙子与颗粒石子的混合物最佳；育苗盆深一些，空间大一些，更有利于叶插苗的生长；春秋季节叶插成功率最高，冬季和夏季也可，但成功率有所下降，如果室内有空调，则可以正常进行叶插。

叶插繁殖

叶插小技巧

摘取叶片时，可抓紧叶片，左右晃动着将其摘下，这样快捷又不损伤植株。育苗盆中的土壤铺厚些，有利于叶片生根，提高叶插成功率。叶插时，一定要将叶片正面朝上，因为出芽的部位在正面。叶插刚完成时，需放置在弱光环境中养护，以防水分蒸发过快，导致叶片养分缺失。在叶插苗后期养护中，使用保湿和保温效果好的玻璃器皿生长更快。

扦插繁殖

扦插繁殖是指利用健壮的枝条插入土壤中进行繁殖的方法。

扦插步骤

选取枝条。从植株叶片间距较大的枝干处剪下较为健壮的枝条，枝干上已经长出气根的也可以选用。

处理枝条。刚刚剪下的枝条若直接接触土壤，很容易受到细菌感染，因此需要放置在太阳下晾晒，待伤口愈合后再种入土中，这样可以提高扦插成功率。

扦插及养护。枝条的伤口愈合后就可以扦插了。扦插后放在光线明亮的地方，可以立即浇水，但是水量不宜多。待根系生出后，可挪动到阳光直射的地方，并给予良好的通风、舒适的温度、足够的土壤湿度，它就会生长得很快。

剪取枝条

修剪枝条并晾晒伤口

扦插在土壤中

扦插注意事项

扦插繁殖虽然成功率很高，但是在栽培时仍需要小心谨慎。应注意的是：最好在春秋季节扦插，因为此时是多肉植物的生长季，生根速度相对较快；冬季低温时也可以进行扦插，但生根速度非常慢，成功率降低；扦插完成后要注意养护，尤其是在水分的供给上，刚种好可少量浇水，待生根后，再逐渐增加浇水量；扦插基质应选择通气良好、既保水又具有良好排水性能的材料，如珍珠岩、蛭石等，也可用多种土壤的混合物。

扦插的好处

扦插繁殖比较常用，无论是老手还是新手，都比较容易成功。扦插繁殖时被剪过的植株部位会慢慢长出新芽，加快多肉的繁殖速度。由于剪去枝条的部位容易生出新芽，所以可以利用此法给多肉塑形。用拔高徒长的枝干进行扦插，可以使难看的多肉变回美丽的模样。因浇水不当、夏季高温而出现的腐烂、变黑等情况，也可用扦插进行补救。

分株繁殖

分株繁殖是指从多肉植物的母株上分割出子株、另行栽植为独立新植株的方法。

有些习性比较特殊的多肉，新的分枝是从植株叶片之间的缝隙处生出的，与主体植株的根系共生，并汲取主体植株的营养慢慢长大，幼苗长大后不脱离植株，而是继续分出更多的新枝条。这样的多肉，除了使用叶插和扦插繁殖外，还可以用分株法进行繁殖。分株与扦插繁殖很相似，不同之处在于扦插的枝条没有根系，而分株的多肉大部分都带有根系并可以独立栽培。

分株步骤

将爆盆的或适合分株的多肉从花盆中取出，将根系下部的土壤清理干净，为分株作准备。在这一过程中不可避免会伤到根系，但只要伤害不大，后期生根是没有问题的。

根系清理干净后，就可以一棵一棵地直接掰下来，掰取时可以左右摇晃。要注意的是，在选择幼苗时，太小的不要掰下来，因为它们太过弱小，分株后几乎不可能存活。

分株完毕后即可根据幼苗大小进行分类栽培，较大的直接上盆，稍小的可以先种在小塑料盒里过渡一段时间，等它适应独立生长环境后再入盆培植。上盆完毕也可以立即浇水。

分株注意事项

分株繁殖的多肉母株根系一般非常发达，因此需水量较大，分出来的单棵多肉植物一般也会带有根系，存活率要比叶插和扦插的高许多，浇水量也要比叶插和扦插的稍多一些。

日照很奇妙

日照在多肉植物的生存中起着很重要的作用，把握好日照，是养护多肉的重要环节。

世界上的生命都离不开光照，多肉植物也不例外。充足的日照不仅可以使多肉健康生长，而且能让多肉更加多彩、美丽；相反，如果缺少日照，多肉就会变得无精打采，没有生机和活力。日照的多少与强弱对多肉植物都有很大的影响，所以在多肉的养护过程中需要注意对日照的把握。如何控制和利用日照是一门学问，值得初学者认真学习，老手也需不断摸索。

日照时间

多肉植物大多原生于热带干旱地区，这些地方阳光充足，几乎每天都有 5 至 8 个小时甚至更多的日照时间。然而在其他地区，许多时候达不到这样长时间的日照。没关系，每天有 2 小时左右的日照就足够了。

充足的光照使多肉植物更饱满、更美丽

日照强度

在多肉的日常管理和养护中，可能会遇到这样的情况：虽然每天接受日照的时间很长，但是植株没有生气，叶片也不饱满，并且有徒长的现象，或是植株叶片逐渐干枯，有慢慢死去的趋势。这是因为没有把握好日照强度。日照强度和日照时间一样，也是制约多肉植物生存状态的重要条件。日照强度是指多肉植物接受的阳光的强弱，过强或过弱的光照都会对多肉植物造成不利的影响。

适度的日照会让多肉植物变得非常美丽，特别是在长时间的温和日照环境下，颜色会变得艳丽而又温柔，这也是许多“肉肉迷”喜爱它们的重要原因。但是，如果日照过强或过弱，不仅得不到艳丽、温柔的色彩效果，反而会使多肉变得难看、受伤甚至死亡。

缺少日照的多肉植物虽然也能生长，但状态较差，有的多肉缺少日照就会死亡。因为日照过弱会导致植物的抵抗力降低，而且弱光照使得盆土容易积水，从而使植物根部腐烂，导致多肉的死亡。

虽然日照对多肉植物非常重要，但也不能过强过多。有人认为日照越强烈、时间越长，多肉就会越健康、越好看，于是将多肉长时间放在强光下，却对叶片造成了一定程度的伤害，导致叶片被灼伤。

多肉植物忌突然暴晒。多肉植物很脆弱，尤其是经历了一段阴雨天后，如果突然暴晒，就会损伤叶片或直接导致植物死亡。要想将多肉植物完全置于强烈的日照下，需要一个循序渐进的过程。

在光照不足、盆土长期潮湿的情况下，多肉植物的根系会逐渐腐烂，影响植株的生长。

若日照过强，多肉植物的叶片会被灼伤，变得非常难看，甚至有可能死亡。

多肉植物不能放在强光下暴晒，尤其是在一段时间没有接触阳光后，突然暴晒会导致植株死亡。

充足的光照下，变色的莲座状多肉非常美丽。

四季日照指南

多肉植物种类繁多，不同的品种在一年四季中对光照时间及光照强度的需求也不一样。

春秋季节是多肉植物的主要生长季节，此时需要给予较多的日照，尤其是在温暖而潮湿的环境下，更要尽可能增加日照时间，因为阴湿的环境最容易滋生病虫害。每天保持 4 个小时以上的日照时间即可使多肉健康生长。在秋季光照充足的情况下，较大的温差有利于植株变色，是多肉植物最美的季节。

大多数多肉是喜光植物，充足的阳光可以使茎干粗壮直立，叶片饱满有光泽，花朵鲜艳诱人。如果光照不足，植株往往生长畸形，茎干柔软下垂，叶色暗淡，缺乏光泽。在炎热的夏季，虽然部分多肉有一个短暂的休眠期，但是光照仍然不能缺少。夏季温度较高，中午阳光强烈，不宜将多肉直接放在阳光下，可以用一层纱帘遮挡，一般在阳光不是太强时接受光照最好。另外，早春刚萌芽展叶的植株和换盆不久的植株也要适当遮阴，这样有利于株体的生长和恢复。

由于多肉植物多原产于热带、亚热带地区，环境温度较高，因此，在冬季温度较低的地区，绝大多数种类必须在室内阳光充足的环境中越冬。每天必须保证充足的光照，可以在密封的阳台或窗台上进行全日照养护。

阳光下的多肉植物

多肉植物关键名词

关键名词

养护多肉植物时，经常会听到和用到一些专业名词，比如冬种型、气根、缀化等，这些名词就像是多肉的标签，理解它们是认识多肉植物的基础。如果想成为一个多肉达人，却不知道这些常用名词和专业术语，好像就有点外行了。赶紧来弄明白吧！

夏种型

夏季生长、冬季休眠的品种。夏季35℃以下皆可正常生长，超过此温度则进入休眠状态。冬季温度尽量保持在10℃以上，否则不但休眠，严重时还会冻伤或死亡。

冬种型

夏季休眠较为明显，冬季可以持续生长，生长期在每年9月至来年4月之间。冬季温度低于5℃时，大部分多肉植物处于休眠状态，冬种型也不例外。

春秋种型

夏季和冬季休眠较为明显，春秋季节生长旺盛的多肉植物。由于春秋季节气候条件较温和，所以几乎不存在休眠现象。银波锦、熊童子、福娘等都是春秋种型。

休眠

植物体或植物器官在发育时，由于内部生理因素的作用，会季节性或阶段性地停止生长。植物类型不同，休眠也有很大的差异。

徒长

多肉植物在缺少光照、浇水过多的情况下，叶片颜色变绿，枝条上叶片的间距拉长，叶片往下翻，枝条变得细长，生长速度加快。

气根

暴露在空气中的根，是由于植物的周围环境发生变化，为了适应环境而生出的具有呼吸功能、能吸收空气中水分的根。

休眠

徒长

气根

中斑

多肉植物叶片中心的叶脉上产生白色或黄色斑纹的现象。

散斑

多肉植物的叶脉上产生杂乱的斑纹的现象。

覆轮

多肉植物叶片周围产生白色或黄色斑纹的现象。

砍头

用剪刀将多肉植物顶部剪掉的一种修剪方式。

散光

多肉植物没有接受阳光直射，而是放在散射光下栽培。

花箭

从叶片中生长出长长的花茎，景天科多肉植物多是这种开花方式。

爆盆

多肉植物长得太过密集，长满整个花盆的情况。

断水

多肉植物休眠期间停止给水，以免造成植株腐烂。

杂交

不同品种的多肉植物之间的结合。

爆盆

窗

叶片前端半透明的部分，其美妙的花纹与透明质感是观赏重点。窗是植物适应恶劣环境的对策，目的是增强光合作用。

日烧

在高温和强光的作用下，植株温度上升，水分蒸发过多，表皮产生焦痕，并出现褐化、白化等现象，严重时会导致植物死亡。

叶烧

叶烧与日烧有一定的相似之处，是指在高温和强光直射下，植株叶表温度上升，造成水分蒸发过多，以致叶细胞死亡，叶子变成褐色的现象。

露养

将多肉植物放在露天环境下养护，以还原野生状态的一种栽培方法。只要是放在室外的多肉，几乎都算露养，比如庭院、突出的阳台以及在窗台外搭建的护栏等。

闷养

冬季温度较低时，用容器（如一次性塑料杯）将多肉植物完全盖住，制造出小型温室的效果。保持塑料杯里的空气湿度足够大，水汽与塑料杯会阻隔大部分紫外线，不用担心被晒坏。

阴养

在阳光较少的栽培环境中养护多肉植物，比如夏季将多肉放置在遮阴环境中就属于阴养。阴养与散光相比，栽培环境的光线更弱一些。

缀化

某些品种的多肉植物受到外界刺激（浇水、日照、温度、药物、气候突变等）后，其顶端的生长锥异常分生、加倍，形成许多小的生长点，并横向发展，连成一条线，最终长成扁平的扇形或鸡冠形带状体。

锦

常被称为“锦斑”，是指植物体的茎、叶等部位发生颜色上的改变，如变成白、黄、红等各种颜色。大部分锦斑变异并不是整个部位的变化，而是叶片或茎的部分颜色的改变，比原株更具观赏性。

群生

植物主体有多个生长点，生长出新的分枝与侧芽，并且共同生长在一起。其实就是多肉植物密密麻麻地长在一起。要达到这样的效果很简单，砍头、叶插或者不管它，时间会慢慢让普通的多肉植物群生起来。最易达到群生效果的方法是扦插。

玉露缀化

熊童子黄锦

银星群生

黄化

植物由于缺少阳光而造成叶片褪色、变黄。

冠状

叶部、茎部或花朵呈鸡冠状生长，又称鸡冠状，如绯牡丹锦。

更新

通过修剪促使植物新的枝条生长。

无性繁殖

利用多肉植物再生能力强的特性，用植株的根、茎、叶进行繁殖。具体方式有分株、扦插等。

有性繁殖

经由授粉过程，使雄蕊产生的花粉与雌蕊柱头交配，从而产生种子。繁殖方式主要采用播种法。

单生

多肉植物的茎干单独生长，不产生分枝、不生子球。如仙人掌科中的翁柱和金琥。

嫁接

把母株的茎、疣突或子球接到砧木上，使其结合成为新植株。用于嫁接的茎、疣突或子球叫接穗，承受接穗的植物称为砧木。

砧木

又称台木，植物嫁接繁殖时与接穗相接的植株。在仙人掌植物的嫁接中，普遍使用量天尺做砧木，其他多肉植物则用霸王鞭做砧木。

芽变

一个植物营养体出现的与原植物不同、可以遗传并可用无性繁殖的方法保存下来的性状。如多肉植物中的许多斑锦和扁化品种。

叶刺

多肉植物植株上由叶的一部分或全部转化成的刺状物。叶刺作用明显，可以减少植物蒸腾，并起到保护植物的作用。最常见的仙人掌科的刺都属于叶刺。

肉质茎

多肉植物植株上肥大多汁、内部贮藏大量水分和养料的变态茎。肉质茎上的叶片在生长一定时间后容易退化或形成刺，大多数仙人掌植物是典型的肉质茎。

突变

植物的遗传组成发生突然改变，使植株出现新的特征，且这种新的特征可以遗传于子代中。多肉植物还可以通过嫁接的方法把新的特征固定下来。

刺座

又叫网孔，是仙人掌科植物特有的一种器官。表面上看为一垫状结构，多数有密集的短毡毛保护，其实是一个短缩枝，是茎上的节，刺座上着生刺和毛。

周围刺

或称侧刺、放射状刺。仙人掌植物的周围刺一般数目较多，且较细或短，常紧贴茎部表面。如金晃的周围刺有 20 枚以上，松霞、红小町的周围刺都在 40 枚以上。

中刺

着生在刺座中央的直刺，一般数目少而变化大，颜色呈周期性变化，温暖季节出白刺，寒冷季节出红刺，十分有趣。中刺的形状差异大，有粗细、软硬、宽窄和有无钩状之分。

Chapter 02

多肉植物的组合示范

虽说多肉植物的种类很多，但识别它们也不是什么难事。多肉的盆栽组合聚集了各种多肉，不仅美观，也是认识多肉的快捷途径。

组合让多肉更美丽

什么是多肉植物组合盆栽

多肉植物组合盆栽是指把不同品种、色彩与形态的多肉植物种植在同一个容器中，以获得与种植单株多肉不同的视觉效果和美感。

多肉植物的种类实在太多，单株植物盆栽渐渐已经不能满足多肉迷的需求，将不同品种的多肉搭配在一起成了多肉爱好者们新的兴趣点。

多肉植物组合盆栽

组合盆栽的优缺点

多肉植物组合盆栽相对于单棵植物盆栽而言，具有明显的优点，当然也有一定的缺点。

第一，视觉效果更加丰富。由于是将多种多肉植物种植在一起，所以整个盆栽在形状和色彩上富于变化，增加了层次感，给人以更丰富的视觉享受。

第二，满足花友的占有欲。多肉植物萌拙可爱且各不相同，每一种都有自己的特色，只拥有一种怎么能满足呢？买一盆组合盆栽，就可以一次性得到多种姿态不同的多肉，那该是多么满足啊！

第三，增强趣味性，展示个性。多肉植物的组合搭配过程非常有趣，千变万化的搭配方式，可以完全按照自己的风格去栽培。现在的多肉植物店一般都有多肉 DIY 体验，花友在购买的同时可以充分享受制作的乐趣。

第四，多肉植物的混栽还可以广泛地应用于城市绿化及家庭园艺，在气候环境合适的情况下，多肉植物鲜艳的色彩能保持好几个月。

多肉植物组合盆栽的缺点也是很明显的。多肉的科属很多，每个科属都有自己的特点，将它们搭配在一起会增加后期养护的难度。如果搭配得不好，还会出现弄巧成拙的情况。

不同的多肉组合在一起，带来丰富的视觉效果。

这么多肉肉，可以充分满足花友的占有欲啦！

混栽的多肉植物应用于家庭园艺，非常别致、美观。

组合盆栽的搭配技巧

多肉植物的组合盆栽看似简单，每个人都可以根据自己的兴趣爱好来制作；其实也有一定的搭配技巧，掌握了技巧，才能使组合盆栽更美丽。

色彩搭配

多肉植物最大的特点在于，在同样的时间和条件下，各品种多肉植物会呈现出丰富的色彩变化。如果能将这一特点很好地运用于组合盆栽中，就可以欣赏到具有不同魅力的多肉植物。

多肉植物组合盆栽的色彩搭配主要有以下四种。

对比色：最抢眼的色彩搭配。如红色和绿色、黄色和紫色，对比强烈，相互衬托，能体现出一种色彩张力，让人产生兴奋的视觉感。多肉组盆用得较多的是红色系和绿色系的对比，很生动。

近色系：近色系搭配是指相近色系的搭配，比如红色与橙色搭配、蓝色与绿色搭配。这种搭配的特点是比较柔和，给人一种和谐感，而且能将多肉植物的“萌”体现出来。这种组合搭配虽然有自身的特色，但是不会太出众。

同色系：用同色系的多肉植物进行组盆设计，能够呈现出比较温和的感觉，尤其是在使用造型和图案比较特殊的花器时，采用同色系搭配，能在相互谦让中体现十足的层次感。

多色系：多色系属于颜色跨度比较大的一种搭配，能带给人色彩丰富、五彩缤纷的感觉，适合在节日中使用，效果非常好。

对比色

近色系

同色系

造型搭配

造型搭配是多肉植物组合盆栽的另一个精华所在，主要有六种，即高矮搭配、数量搭配、主次搭配、留白设计、装饰物搭配以及场景设计等。可以直接选用一种方式，也可以多种方式搭配使用。

高矮搭配：按照多肉植物的高矮不同来组合，最能体现层次感，便于对每棵多肉植物进行欣赏。

数量搭配：一般来说，单数的多肉植物组盆会好看一些，但也不一定，有的双头多肉直接使用就很好看。

主次搭配：选取一棵多肉植物作为重点，其他皆围绕这棵进行设计，以突出中心。

留白设计：采用黄金分割法，将主要的多肉种植在偏离盆中心的位置，其余空间不种植物或种小颗粒物，视觉效果很好。

装饰物搭配：在盆栽中搭配一些小道具，如园艺插、装饰石等，盆栽会更有美感。

场景设计：将盆栽多肉植物放置在一定的场景中，如与壁画挂在一起，会给人带来特别的美感。

高矮搭配

数量搭配

主次搭配

留白设计

装饰物搭配

场景设计

组合盆栽的注意事项

多肉植物的组合盆栽是不能随意搭配的，如果为了一时的效果而随意组合，虽然初期很漂亮，但很快就会变样，不能保持长久的美丽姿态。

多肉植物品种不同，习性也完全不同，所需的日照强度、土壤、水分等都是不同的。在组合盆栽前一定要了解自己种植的多肉科属及其生长习性，这样才能使好看的多肉盆栽保持几个月甚至一年的时间。

不同科的多肉植物，“品性”相差很大，所以在了解多肉植物的生长习性时一般先从“科”入手，如景天科、百合科、番杏科、菊科、仙人掌科等。

例如景天科景天属的薄雪万年草，在与其他多肉搭配混栽时的效果的确非常好，但是它的生长速度超快，要不了多长时间就会把整个花器占据，使盆栽失去原来的美丽色彩与形态。但如果你了解各种植物的生长习性，就可以通过适当地改变环境，例如降低温度、加强日照、加大通风等，使整个盆栽保持较稳定的色彩与姿态。因此，在组合混栽前，了解多肉植物的生长习性是极为重要的。

独具创意的多肉植物组合

组合盆栽的搭配实例

色彩斑斓的多肉白瓷盆

纯白的陶瓷容器，适合搭配色彩艳丽、富于变化的多肉，沉稳厚实的白瓷能为多肉组合带来洁净清爽的质感，在色彩上与五颜六色的多肉形成鲜明的对比。

① 花月夜 景天科石莲花属

形态特征：肉质叶匙形，排列成莲座状，浅绿色的叶面被白粉，带小尖，叶缘有红边。

养护要领：喜光照，生长期适度浇水。

② 虹之玉 景天科景天属

形态特征：肉质叶膨大互生，表皮光亮、无白粉，绿色叶在阳光充足时会转为红褐色。

养护要领：夏季高温强光下需适当遮阴。

③ 小和锦 景天科石莲花属

形态特征：互生叶三角状卵形，叶片正面为绿色，日照充足时，背面与叶边会转红。

养护要领：喜阳光，可全日照养护。

④ 紫珍珠 景天科石莲花属

形态特征：肉质叶卵圆形，叶片较薄，叶端带小尖，入秋后昼夜温差加大，叶片呈粉红色。

养护要领：生长期需严格控制浇水量。

⑤ 姬胧月 景天科风车草属

形态特征：叶片呈瓜子形，叶末较尖，排成莲座状，正常为绿色，春秋季节会整株变红。

养护要领：喜光，但强光下必须遮阴。

⑥ 雅乐之舞 马齿苋科马齿苋属

形态特征：茎粗壮，叶片为黄白色，中央有一小部分为淡绿色，新叶叶缘泛红。

养护要领：喜阳光充足、温暖干燥。

爱心小贴士

除雅乐之舞外，盆栽中的其他植物皆为景天科多肉植物，充足的光照会使它们的色彩更加艳丽迷人，若光照不足则易徒长，变得非常难看，因此建议放置在阳光充足处养护。

美味的多肉点心

不同的多肉种在白瓷碗中，就像是不同味道的点心一样，快来品味一下吧！

爱心小贴士

盆栽中的多肉植物较多，在种植时，需要事先确认各自的位置，然后小心地植入。在后期养护过程中，需要及时进行疏剪整理，以免影响整个盆栽的效果。

① 宝草 百合科十二卷属

形态特征：根系强大，绿色叶透明度较低，日照充足时非常紧密，但色调会稍暗。

养护要领：夏季高温时控制浇水。

② 玉扇 百合科十二卷属

形态特征：长圆形的肉质叶排列成两列，直立并稍向内弯，顶部截面稍凹陷，表面粗糙。

养护要领：喜全日照，但夏季应遮阴。

③ 康平寿 百合科十二卷属

形态特征：植株无茎，深绿或褐绿色叶截面光滑，有浅色网格状脉纹，叶缘有细齿。

养护要领：空气干燥时可以喷水保湿。

④ 子宝 百合科沙鱼掌属

形态特征：叶较厚，像舌头，叶面光滑，带有白色斑点或条状锦斑，状似元宝。

养护要领：以全日照为主，夏季需适当遮阴。

⑤ 翡翠柱 仙人掌科翡翠塔属

形态特征：柱状茎直立，深绿色的茎面菱形瘤突明显，绿色的卵圆形叶聚生于茎顶。

养护要领：生长期多浇水，冬季保持盆土干燥。

⑥ 水晶掌 百合科十二卷属

形态特征：翠绿色的叶片上部透明，叶面有暗褐色条纹或中间有褐色、青色的斑块。

养护要领：夏季需遮阴并少量浇水。

⑦ 唐印 景天科伽蓝菜属

形态特征：卵形至披针形的叶片呈浅绿色，叶面被白霜，叶缘红色，日照充足时叶色更美。

养护要领：盛夏和冬季皆需控制浇水。

⑧ 条纹十二卷 百合科十二卷属

形态特征：叶三角披针形，先端尖，叶绿色，具较大的白色瘤状突起并排列成横条纹。

养护要领：喜阳光，以浅栽为宜。

十二卷属植物

百合科十二卷属多肉植物原产于斯威士兰、莫桑比克和南非的低地或山坡，是无茎或稍有短茎的多年生肉质草本。

十二卷属植物喜温暖、干燥和阳光充足的环境。不耐寒，冬季温度应不低于 10℃。生长期还需保持盆土稍湿润，冬季要控制浇水。

严谨中的绚丽多姿

方方正正的盆器太过严谨，搭配一下多肉，就会变得多姿多彩。

① 三角霸王鞭　大戟科大戟属

形态特征：分枝多呈直立状，常密集成丛生长，主体有 3 至 4 条暗绿色至灰绿色的棱。

养护要领：喜阳光充足的环境。

② 久米里　景天科石莲花属

形态特征：卵圆形至圆形的叶片具小尖，亮绿色至黄绿色的叶面不甚平滑，稍有波折。

养护要领：喜日照充足且温差大的环境，生长期适度浇水。

③ 姬莲　景天科石莲花属

形态特征：肉质叶片肥厚多汁，呈匙形，叶尖和尖部边缘都是玫瑰红色。

养护要领：生长期盆土需保持湿润。

④ 塔松 景天科景天属

形态特征： 正常叶片呈绿色，日照充足变为蓝白色，春秋季有时还会变红，颇具美感。

养护要领： 喜阳光，生长期适当浇水。

⑤ 蓝色苍鹭 景天科石莲花属

形态特征： 叶片宽匙形，先端有一小尖，呈莲座状排列，温差大时颜色会变红。

养护要领： 喜光照，但强光时需要遮阴。

⑥ 月影 景天科石莲花属

形态特征： 植株无茎，叶片肥厚多汁，先端厚，稍向内弯，呈淡粉绿色。

养护要领： 生长期也要少浇水，保持盆土干燥。生长期每月施肥一次。

⑦ 屋卷绢 景天科长生草属

形态特征： 植株丛生状。倒卵形至窄长圆形的叶片以蓝绿色为主，叶端呈现独特的紫红色，叶质肥厚。

养护要领： 喜温暖湿润和阳光充足的环境。

景天属植物

景天科景天属多肉植物原产于北半球的山区和南美洲干旱地区，叶互生，有时排列成覆瓦状，株形变化较大，多为一年或多年生植物。

景天属多肉喜温暖和阳光充足的环境，可全日照养护。耐干旱，生长期盆土稍湿润即可。

绿意荡漾的多肉宝盆

形色各异的多肉组合在一起，不仅能呈现出美妙的层次感和错落美，荡漾的绿意也令人精神愉悦。

爱心小贴士

容器高度较低，只与低矮的莲座状多肉植物搭配，难免显得不够突出；如果在盆栽后部以高耸的三角大戟、不夜城芦荟等作背景，层次感就会油然而生。

① 三角大戟 大戟科大戟属

形态特征：植株呈多分枝的灌木状，主干短，分枝轮生于主干上且全部垂直向上生长。

养护要领：喜阳光充足的环境。

② 观音莲 景天科长生草属

形态特征：肉质叶匙形且顶端尖，叶片较薄，叶色富于变化，紫红色的叶尖极为别致。

养护要领：喜凉爽且日照充足的环境。

③ 黛比 景天科风车草属

形态特征：肉质叶片肥厚多汁，呈匙形，排列成莲座状，叶色全年皆呈粉红色。

养护要领：生长期盆土需保持湿润。

④ 女雏 景天科石莲花属

形态特征：植株易群生，肉质叶卵圆形至倒卵圆形，稍向内抱，叶片中绿色。

养护要领：生长期保持干燥，控制浇水量。

⑤ 不夜城 天南星科粤万年青属

形态特征：叶淡绿色，具长叶柄，在盆栽中作点缀。

养护要领：喜阳光，室外养护需防止雨淋。

⑥ 白云锦 仙人掌科刺翁柱属

形态特征：白色柔毛紧绕粗壮的圆柱体表，顶部形同斗笠，长长的褐黄强刺伸出毛体。

养护要领：喜光照，可全日照养护。

⑦ 鸾凤玉 仙人掌科星球属

形态特征：新株球形，老株细长筒状。棱上的刺座无刺，但有褐色绵毛，球体灰白色。

养护要领：盛夏季节需适度遮阴。

⑧ 黄雪光 仙人掌科乳突球属

形态特征：球体扁圆形，密生细黄刺，顶端开黄绿色小花。

养护要领：喜温暖湿润和阳光充足的环境。

⑨ 白鸟 仙人掌科乳突球属

形态特征：球形的植株单生或群生，表皮中绿色，刺座上密生白色周围刺。

养护要领：春秋季适当浇水，冬季停止浇水。

星球属植物

仙人掌科星球属多肉植物原产于美国和墨西哥地区，茎部为球形或半球形，具棱和绵毛状刺座。

星球属多肉喜温暖、干燥和阳光充足的环境，耐干旱和半阴，夏季强光时需遮阴。生长期可每两周浇一次水，保持盆土的湿度，秋冬季盆土保持干燥。

自然风的多肉竹筐

搭配各色多肉，竹筐像吹进了一股暖风，自然清新。

① 瓦松　景天科瓦松属

形态特征：线形至披针形的叶片互生，尖端带刺，多生长在山体向阳坡面等阳光充足、光线较好的地方。

养护要领：非常耐旱，喜光照充足的环境。

② 火祭　景天科青锁龙属

形态特征：植株丛生，长圆形肉质叶交互对生，排列紧密，叶面有毛点。

养护要领：喜光照充足、温差较大的环境。

③ 丽娜莲　景天科石莲花属

形态特征：卵圆形的叶片被白粉，顶端有小尖，叶面中间向内凹，叶片浅粉色。

养护要领：生长期盆土需保持湿润。

莲花掌属植物

景天科莲花掌属多肉植物原产于大西洋的加那利群岛、非洲、北美和地中海地区，叶片繁盛，排列成莲座状。

莲花掌属多肉喜温暖、干燥和半阴环境，不耐寒，耐干旱，忌强光。春秋季节土壤干燥后适度浇水，冬季盆土需保持干燥。

④ 山地玫瑰 景天科莲花掌属

形态特征：肉质叶互生，呈莲座状排列，叶色有灰绿、蓝绿和翠绿等色。

养护要领：夏季通风，少浇水。

⑤ 大和锦 景天科石莲花属

形态特征：广卵形至散三角卵形的叶片背面呈龙骨状突起，先端急尖。

养护要领：喜光照，可全日照养护。

⑥ 露娜莲 景天科石莲花属

形态特征：叶片在不同的时间有不同颜色，有时会呈现粉紫色，色彩层次分明。

养护要领：浇水时不要浇到叶片上，否则叶片容易腐烂。

⑦ 初恋 景天科石莲花属

形态特征：是一种非常艳丽的石莲花，在秋季日照强烈、温差较大时会变得火红。

养护要领：生长期需要阳光充足，而且要放在通风处。

错落有致的多肉森林

将不同形态的多肉聚集在一起，高大与低矮、直立与匍匐形成一个茂密的具有层次感的森林，高低错落，绿意盎然。

① 库珀天锦章　景天科天锦章属

形态特征： 植株矮小，叶片肉质肥厚，根系较浅。

养护要领： 夏季控水并保持通风。

② 天章　景天科天锦章属

形态特征： 灰绿色的叶卵圆至扇形，顶端波状，叶表密被白毛，无斑点。

养护要领： 夏季需遮阴，避免强光直射。

③ 金刺尤伯球　仙人掌科尤伯球属

形态特征： 表皮灰绿色，具白色绒毛的刺座密排在棱上，着生鲜黄色刺。

养护要领： 耐干旱，冬季严格控制浇水。

④ 蓝光　景天科石莲花属

形态特征：叶片匙形带小尖，中间下凹，青绿色至蓝绿色，光照充足时叶边微微泛红。

养护要领：喜明亮光照，强光时需遮阴。

⑤ 高砂之翁　景天科石莲花属

形态特征：叶片呈倒卵匙形，边缘波浪起伏，表面以灰绿色为主，叶缘红色。

养护要领：浇水时不能向叶面或叶心喷洒。

⑥ 筒叶花月　景天科青锁龙属

形态特征：粗壮的茎呈圆柱状且易分枝，绿色的叶圆筒形，有光泽，叶缘有时具红晕。

养护要领：可放置在露天环境中暴晒。

⑦ 新月　菊科千里光属

形态特征：细圆筒形的叶片呈莲座状，新叶银白色，被蛛丝状绒毛，成熟叶光滑，呈绿色。

养护要领：生长期保持盆土稍湿润。

庭院中的自然景观

自制的美丽盆景摆放在庭院中，自然的气息扑面而来，令人欣喜。

爱心小贴士

较大型的盆景放置在庭院中一定要注意光照和天气的变化。夏季光线较强时注意遮阴，在遇到阴雨天气时，也需将盆栽移入室内养护，避免雨水损伤盆中的多肉植物。

① 岩石狮子 仙人掌科天轮柱属

形态特征： 植株的茎不直立，而是石化成起伏层叠的山峦状。茎表面深绿色，刺座上生有淡褐色细刺。

养护要领： 夏季高温时控制浇水。

② 红小町 仙人掌科南国玉属

形态特征： 植株外形与小町类似，但比小町略大，中刺稍长，呈美丽的洋红色。

养护要领： 喜全日照，但夏季需遮阴。

③ 黑牡丹玉 仙人掌科裸萼球属

形态特征： 形态与牡丹玉相似，只是其植株的颜色为紫黑色，在仙人掌中很少见，颇受栽培者的喜爱。

养护要领： 夏季适当浇水。

④ 白仙玉 仙人掌科白仙玉属

形态特征： 植株呈球形至椭圆形，全身长满白色芒状短刺，通体洁白。

养护要领： 夏季减少浇水，适当遮阴。

⑤ 红偏角 仙人掌科大戟属

形态特征： 棱深绿色，棱缘褐红色至灰褐色，棱峰上生有褐色短刺，叶片小，生于茎顶棱缘处。

养护要领： 生长期可以多浇水。

⑥ 半球星乙女 景天科青龙锁属

形态特征： 植株比较高耸，卵圆状三角形的叶片像芝麻叶一样有规则地生长在茎上。

养护要领： 高温季节每周浇水两次。

⑦ 黄金花月 景天科青锁龙属

形态特征： 叶片大部分时间为绿色，日照充足时变为红色。根系发达。

养护要领： 夏季、冬季皆需控制浇水。

⑧ 朝日球 仙人掌科乳突球属

形态特征： 植株呈球形或长球形，单生，绿色的茎具着生白色绵毛的棱。

养护要领： 喜强光，夏季减少浇水。

⑨ 黄金钮冠 仙人掌科黄金钮属

形态特征： 黄金钮的缀化品种，植株冠状，茎绿色，刺座密生金黄色细刺，很有观赏价值。

养护要领： 夏季适当控水和遮阴。

乳突球属植物

仙人掌科乳突球属原产于墨西哥和美国南部、西印度群岛、中美洲的半沙漠地区，茎上无棱，而是被排列规则的疣突包围。

乳突球属多肉植物喜温暖、干燥和阳光充足的环境，不耐寒，冬季气温最好保持在 7℃以上。生长期盆土需保持一定的湿度，冬季应保持盆土干燥。

缤纷小天地

利用盆器宽大的开口，种上各种类型的多肉，大的、小的，花形的、叶形的，各式各样的多肉大集合，在色彩与造型的鲜明对比中，突显出一个缤纷的小天地。

爱心小贴士

将高矮不同的多肉植物按区域集中种植，可以使盆栽更有层次感。为了模拟天地的开阔，盆器内的多肉植物不宜拥挤，适当的留白更能营造视觉上的空间感。

① 雄姿城　百合科十二卷属

形态特征：卵圆三角形的叶螺旋状排列，深绿色的叶面有淡绿色小疣组成的瓦棱状横条纹。

养护要领：空气干燥时要喷水。

② 花月　景天科青锁龙属

形态特征：叶片呈倒卵圆形，叶表光滑，呈中绿色，偶尔具有红边。

养护要领：生长速度较快，需经常修剪，保持株形优美。

③ 铭月　景天科景天属

形态特征：叶片呈倒卵形，正常情况下叶色为黄绿色，光照充足时叶片边缘转为红色。

养护要领：喜阳光，生长期适当浇水。

④ 青星美人　景天科厚叶草属

形态特征：肥厚的叶片被白霜，长匙形，叶面以绿色为主，叶尖具红点，非常美丽。

养护要领：生长期盆土需保持湿润。

多肉家族的盛宴

各式各样的多肉聚集在一起，每一种都值得观看赏玩。

爱心小贴士

多种多肉制作出的小型造景虽然美观，但各种多肉的生长习性不同，尤其需要注意养护问题。

① 福禄寿 仙人掌科鸡冠柱属

形态特征：植株柱状，灰绿色的茎节石化且光滑，棱肋排列错乱，呈乳状突起。

养护要领：夏季高温时控制浇水。

② 大花犀角 萝藦科犀角属

形态特征：植株呈柱形，有四条棱，茎绿色或灰绿色，棱缘具齿状突起。

养护要领：喜光照充足的环境，生长期每周浇一次水。

③ 芳香球 仙人掌科乳突球属

形态特征：茎球形至卵球形，中绿色，刺座着生线团状周围刺以及淡黄色的中刺。

养护要领：夏季适当遮阴，控制浇水。

④ 胧月 景天科风车草属

形态特征：叶片匙形至卵圆披针形，正常情况下为灰绿色，春秋季节日照强、温差加大时会转为紫红色。

养护要领：生长季节可以多浇水。

⑤ 白毛掌 仙人掌科仙人掌属

形态特征：黄毛掌的变种，茎较小，刺座较为稀疏，钩毛呈白色。

养护要领：夏季可放在室外养护，防止大雨冲淋。

⑥ 翡翠木 景天科青锁龙属

形态特征：植株株形较高大，易群生，茎肥大。暗绿色至黄绿色的叶片厚实宽大，表面很光滑。

养护要领：夏季需遮阴并少量浇水。

⑦ 红毛掌 仙人掌科仙人掌属

形态特征：茎节扁平，似人的手掌一般，茎表淡绿色至中绿色，着生稀疏的白色刺座。

养护要领：刚换盆时不宜浇水。

⑧ 褐刺龙舌兰 龙舌兰科龙舌兰属

形态特征：叶片呈长椭圆形，向四周展开呈莲座状，顶端着生深褐色尖刺，边缘的刺较小。

养护要领：生长期每周浇水一次。

仙人掌属植物

仙人掌科仙人掌属多肉植物原产于美洲以及西印度群岛。本属植物叶片扁平，刺座着生刺和钩毛，少数种类有似叶的鳞片。

仙人掌属多肉植物喜温暖、干燥和阳光充足的环境，生长期一定要保持充足的光照，夏季应避免强光直射。生长期每月浇水一次即可，冬季不需要浇水。

5
1
2
8
6
3
4
7
9

热闹的多肉壁挂装饰

精致的方形框很适合与各种美丽的多肉搭配，挂在客厅的的墙壁上，带来不一样的意境。

① 女王花舞笠 百合科十二卷属

形态特征： 叶片呈倒卵状菱形，淡绿色，叶缘波浪状，红色或红褐色，是一种非常有特色的栽培品种。

养护要领： 空气干燥时，可向盆器周围喷雾保湿。

② 紫美人 景天科石莲花属

形态特征： 卵圆形的叶片呈莲座状排列，先端急尖，叶面灰绿色至紫绿色，叶片较多。

养护要领： 喜明亮日照，但夏季应遮阴。

③ 苍白石莲花 景天科石莲花属

形态特征： 叶片卵圆形，稍向内弯，正常情况下为中绿色，秋季温差加大、光照强烈时会转红。

养护要领： 喜明亮日照，但夏季应遮阴。

④ 锦司晃 景天科石莲花属

形态特征： 叶卵圆形至匙形，被白色绒毛，中绿色，叶缘和顶端呈红色。

养护要领： 以全日照为主，生长期不宜过多浇水。

⑤ 白凤 景天科石莲花属

形态特征： 卵圆形至近球形的叶片扁平，被白粉，叶片前端有粉红色溅点，正常时为青绿色，光照充足变为红色。

养护要领： 喜温暖、阳光充足的环境。

⑥ 卡梅奥 景天科石莲花属

形态特征： 扁平的叶片呈匙形，青绿色的叶面上有不同形状的肉突，阳光充足时变为红色。

养护要领： 夏季需遮阴并少量浇水。

⑦ 象牙莲 景天科石莲花属

形态特征： 蓝绿色至灰绿色的叶片呈宽匙形，被白粉，排列成莲座状，是石莲花属中比较常见的品种。

养护要领： 生长期保持盆土稍湿润。

⑧ 雪花芦荟 百合科十二卷属

形态特征： 植株无茎，三角披针形的叶片呈亮绿色，几乎通体布满白色斑纹，非常显眼。

养护要领： 喜阳光，以浅栽为宜。

⑨ 神刀 景天科青锁龙属

形态特征： 植株无叶柄，肉质叶片互生，灰绿色，株形恰似多把尖刀拼凑而成，十分奇特。

养护要领： 冬季需放在室内养护。

青锁龙属植物

景天科青锁龙属多肉植物原产于非洲、马达加斯加、亚洲的干旱地区，肉质叶通常为莲座状，但形状、大小差异较大。

青锁龙属多肉喜温暖、干燥和半阴环境，不耐寒，冬季气温不可低于5℃，春季至秋季适度浇水，冬季植株处于半休眠状态，盆土需保持干燥。

Chapter 03

多肉植物的花器选择

在多肉盆栽中，选择一款合适的花器尤为重要，只有花器适合，才能养活多肉，进而让多肉更美丽。接下来，我们就在不同的花器中认识多肉植物吧！

好“肉”还需好器配

多肉花器概述

花器对于多肉植物的重要性就像衣装对于人一样，一款合适的花器，不仅能让多肉长得更好，而且会产生更丰富的视觉效果，提升盆栽的艺术感。

总的来说，在花器的选择上，首先考虑的是花器的透气性能和排水性能。日常生活中使用的花器材质很多，不同材质有不同的特点，可以根据植物的不同特性进行选择。例如，需要表现多肉的清新，可以选用白瓷花盆；需要表现多肉悬挂的美感，可以选用材质较轻的塑料花器；而木质花器则给人一种古朴的感觉。较为常见的花器有陶质花器、瓷质花器、铁质花器、木质花器、玻璃花器、塑料花器等。

各种材质的多肉花器

陶质花器

陶器是多肉花器中较为常见的一种，透气性好，外观漂亮，适合与多肉植物搭配。陶器种类很多，可供选择的余地大，而且粗陶、红陶、素烧陶等各有特点，能够满足多肉爱好者的不同需求。

漂亮的粗陶花器不仅拥有红陶的透气性，而且具有瓷器的保水性，因此有人说，粗陶是花器中最适合多肉植物生长的。粗陶的吸引力还在于它那古朴、素雅的风格，能让原本简单的多肉变得更有韵味。所以，当你不知道一株多肉该用什么花器种植时，那就选择粗陶吧！

虽然粗陶可以搭配各种多肉，但一般体积较大，所以尤其适合种植生长多年的老桩。

粗陶花器的缺点是价格昂贵、工艺成本高，而且重量远远超过其他各种花器。

红陶花器是应用最为广泛的多肉花器之一，一度被广大多肉爱好者视为神器。红陶花器有超强的透气性，春秋季节通风较好的情况下，盆土干燥得很快，即使是在夏季部分多肉休眠时，仍可频繁浇水，非常适合对多肉生长习性不太了解的新手使用。红陶花器的款式也较多，而且大多小巧轻便、价格低廉，不像粗陶那样笨重、昂贵。虽然外观上和粗陶有一定的差距，但自身的砖红色也很符合园艺特色，而且方形的红陶花器很适合摆放成各种方阵，别具美感。

红陶虽然属于百搭型的花器，但仍有很明显的缺点。红陶超强的透气性既是它的优点，也是它的缺点，由于透气性太好，盆土干得太快，会影响植物根系对水分的吸收，从而使多肉植物生长过慢，一些喜水分的植物（如玉露系列）很容易出现脱水的现象。

素烧陶的色彩更加醇厚，也很适合与多肉植物搭配。

红陶很适合与多肉植物搭配。

陶器能给多肉植物带来不一样的质感。

陶器色泽醇厚，排列在一起，更为美观。

瓷质花器

在所有的多肉花器中，瓷质花器是目前使用最多的，深受广大多肉爱好者的喜爱，这要归功于瓷器的无限魅力。

从功能看，多肉植物都是依靠水分生长的，而瓷器具有很好的保水性，能够给多肉提供充足的水分，这对生长期的多肉是至关重要的。用瓷器种植的多肉，生长速度会明显快于其他花器中的多肉。而且瓷质花器还非常适合制作迷你的多肉组合盆栽，能够很好地展现它们的美丽。

从外观看，瓷质花器形状多样、色彩多变，具有其他花器无可比拟的亮丽色彩，尤其是白色调的白瓷花盆，种上多肉立刻体现出小清新的感觉。

另外，瓷质花器的价格适中，也很容易买到。瓷器的瓷面非常光滑，容易清理，几乎不会出现污痕。可以摆放的位置也很多，室内、窗台等都是不错的选择。

虽说瓷质花器的优点很多，但也有不可避免的缺点。特别是在夏季高温闷热、通风不畅时，种植在瓷器中的多肉很容易因浇水不当而被闷死或烂根，因此需要控制好浇水量。

白瓷能够很好地突显多肉植物小清新的感觉。

瓷器还适合制作DIY盆景，比如搭配绿色系多肉，清新自然。

瓷器与十二卷搭配，也颇具美感。

玻璃花器

有这样一种多肉花器，它随处可见，随手可得，拥有超强的透视性和观赏性，既可以放土栽培多肉植物，也可以注水培养多肉植物，带给人不一样的美感——这就是玻璃花器。

玻璃花器受欢迎，很大的原因是具有绝佳的视觉效果。用玻璃器皿种植多肉植物，不仅可以欣赏多肉的姿态，而且能够享受陪伴它长大的过程，若将植料分层，视觉效果会更佳。如果是水培多肉的话，还能欣赏到植物根系的美。

玻璃器皿没有排水孔，因此一定要在底部铺一层颗粒物作为隔水层，防止根系因长时间浸泡在湿润的土壤中而腐烂。用玻璃器皿养多肉不需要浇太多水，只需在盆土彻底干燥时浇一点即可。

由于玻璃器皿的密闭性较好，而且玻璃材质本身容易导热，所以在用玻璃花器种植多肉时，不需要太多的光照，特别是夏季，一定要放在散光处养护。一些不需要太多日照的多肉，如十二卷、玉露等，适合在玻璃花器中栽培。

晶莹剔透的玻璃花器

铁质花器

铁质花器是比较常见的，在用于种植多肉植物的各种花器中也占有较大的比例。和其他花器一样，铁质花器也具有明显的优点和难以回避的缺点。

铁质花器的优点首先是价格不贵且容易获得。在我们的日常生活中，铁质的东西真是太多了，比如铁罐、铁桶、推土的小铁车、铁椅子等，把这些铁器稍加修整或改造，都可以用来做种植多肉的花器。即使是去市场上购买铁质花器，价格也要比其他花器便宜得多。

铁质花器的造型也比较丰富，各式各样的器皿很多。另外，铁质花器还是很好的DIY素材，在铁器上加入麻布、麻绳、水苔等，然后搭配上多肉植物，很有艺术范儿。

铁质花器的主要缺点是易生锈，虽然大部分被刷上了防锈漆，但时间一长还是会生锈。不过多肉爱好者们不必太担心，铁锈对多肉植物的影响并不大。

铁质花器组合盆栽

塑料花器

塑料花器在园艺中也被广泛使用，可能有人认为它太过低端，不适合种植多肉植物，其实，用塑料器皿种植多肉还是有很多优点的。

用塑料花器种植多肉植物的优点主要表现在以下几个方面。

首先，塑料材质本身较薄，水分挥发较快，虽然比不上透气性超强的红陶盆，但是比其他花盆好。

其次，塑料花器最大的优点就是轻巧，不仅可以像其他花器一样摆放，而且很适合悬挂欣赏。

再者，塑料花器除了具有良好的透气性之外，还具有很强的保水性，这非常有利于多肉小苗的初期生长，因此被花友广泛运用于小苗的初期栽培，效果非常好。

最后，塑料花器容易买到，而且价格便宜，大众化的造型也能为更多的人接受。

塑料花器非常大众化，几乎没有什么缺点，唯一的不足是使用时间不长，这其中很大一部分原因是塑料制品的质量不过关。

轻便小巧的塑料花器很适合悬挂，能够体现出特定植物的悬垂美。

两个独立的小塑料盆栽摆在一起，给人带来不一样的美感。

塑料花器造型丰富，适合与各种多肉植物搭配。

木质花器

和其他花器不同，木质花器大都来源于自然界，因此更具有天然的、原始的味道，搭配上同样充满自然气息的多肉植物，有一种独特的韵味。

木质花器具有良好的透气性，而且体形一般较大，不用担心植物拥挤导致腐烂的情况，很适合搭配各种各样的多肉植物，是 DIY 的首选器具之一。

大型的木质花器不适合摆放在室内，庭院和阳台是不错的摆放位置。经过艺术加工的木雕或小型的精致木桩可以放在室内观赏。

木质花器很容易得到，一般不建议购买成品，完全可以自己取材 DIY。比如常见的废旧木板、小型木推车等，稍作加工就可以变成漂亮的花器。尤其是枯木树桩，加工处理后的园艺效果是非常好的。木质花器也很适合复古系列，随着木头被腐蚀，复古效果会更加明显，整个盆栽也会更漂亮。

木质花器最大、最令人头疼的缺点是容易被腐蚀，在户外使用一年基本就报废了，放在通风不好的地方还容易发霉。可以通过刷清漆或桐油来延长木质花器的寿命。

在 DIY 的小木箱中栽培多肉，韵味别具一格。

给木质花器刷上清漆不仅可以延长寿命，而且更加古色古香。

经过改造的老木桩是非常好的多肉花器，很有艺术感。

其他花器

除以上几种常见的花器之外，还有许多类型的花器，比如藤质花器、石质花器、竹质花器以及创意型花器，如贝壳、海螺、鸡蛋壳等。

藤质花器在国外使用广泛，但在国内还是比较少见的。这种类型的花器透气性非常好，体形也比较大，很适合制作 DIY 多肉组合和小型的造景，悬挂或摆放在庭院中，比其他花器更有吸引力。比较常见的是藤编篮筐，款式多样，价格也不算贵，还可以自己动手编制。藤质花器的缺点与木质花器相似，即易腐蚀、易发霉。需要特别注意的是，藤编的花器缝隙比较大，不适合直接铺土壤，需要在底部铺一层网或麻布。

石质花器在户外比较常见，由于本身较笨重，移动不方便，所以使用不是很多。竹质花器中较常见的是竹篓，和藤质花器类似，透气性好，适合制作小型造景，但也需要在底部放置网布，以防止土壤外漏。

贝壳、海螺等花器比较容易获得，充满海洋气息，用来种植多肉别有一番风味。鸡蛋壳很常见，也很好用。

用食器制作的多肉盆栽

不同花器的选用实例

妙趣横生的童话世界

在清新透亮的圆形玻璃盆器中，将各式各样的多肉围成一个圈，然后在圆圈中间布置可爱的木房子园艺插，在最前方放置萌萌的小玩偶，打造出一个妙趣横生的童话世界。

① 锦晃星 景天科石莲花属

形态特征：叶匙形或倒卵圆形，具白色绒毛，叶片以中绿色为主，叶缘及顶端呈红色。

养护要领：生长期注意控水。

② 黄丽 景天科景天属

形态特征：叶片多为绿色，日照后转为金黄色，日照充足时还会变成红色。

养护要领：夏季要保持盆土干燥。

③ 玉吊钟 景天科伽蓝菜属

形态特征：叶片呈卵形，肉质扁平，边缘有齿，上有不规则乳白、红或黄色斑纹。

养护要领：喜光照充足，夏季适当遮阴。

④ 金手指 仙人掌科乳突球属

形态特征：植株单生至群生，圆柱形的茎肉质柔软，绿色，刺座着生黄白色周围刺。

养护要领：生长期保持盆土干燥。

3
1
2
4

迷人的生石花珠宝盒

古色古香的珠宝盒与酷似珠宝的生石花搭配，迷人又美丽，很适合送给朋友。

爱心小贴士

生石花可以摆放在有纱帘的窗台或阳台上，避开强光直射，又不至于过度遮阴。不需要多浇水，干燥时可向植株周围喷水，增加空气的湿度。

① 曲玉 番杏科生石花属

形态特征： 叶上表面肾形且很平滑，叶色不透明，淡灰色中夹杂着黄褐色，花纹较细，排列不规则。

养护要领： 喜温暖、阳光充足的环境，可适度浇水。

② 日轮玉 番杏科生石花属

形态特征： 对生的叶呈卵形，淡红色至褐色或黄褐色，顶面黄褐色，间杂着深褐色下凹花纹。

养护要领： 初夏至秋末时需每半月浇一次水。

③ 红大内玉 番杏科生石花属

形态特征： 对生的叶呈卵状，色彩以棕色或灰色为主，顶端镶嵌着下凹的花纹，深褐色。

养护要领： 空气干燥时可向植株周围喷雾保湿。

④ 露美玉 番杏科生石花属

形态特征： 叶片心形至截形，叶表肾形无花纹，中间有一道很深的沟，多呈粉色。

养护要领： 生长期每半个月浇一次水。

⑤ 紫勋 番杏科生石花属

形态特征： 叶片对生，头部平整，以灰绿色和黄绿色为主，顶端具深绿色花纹，具有一定的观赏性。

养护要领： 较喜水，可全日照养护。

⑥ 琥珀玉 番杏科生石花属

形态特征： 植株浅红褐色，叶顶面具深褐色的花纹，是一种常见的生石花。

养护要领： 夏季忌强光直射，冬季要保持一定的温度。

⑦ 朱弦玉 番杏科生石花属

形态特征： 对生的叶呈卵状，顶面平头灰绿色，镶嵌有深绿色暗斑，是一种比较常见的生石花。

养护要领： 喜水喜光，冬季宜放在温暖、阳光充足处养护。

⑧ 红菊水玉 番杏科生石花属

形态特征： 叶片卵状，紫红色，不透明，两叶有时不对称且中间具有很深的沟。

养护要领： 喜阳光，冬季宜放在温暖、阳光充足处养护。

⑨ 弁天玉 番杏科生石花属

形态特征： 为紫勋的变种，叶球果状，浅灰色，密布深紫绿色花纹，是比较常见的品种。

养护要领： 生长期需要充足的水分，但盆土不能长期过湿。

陶盆中的色彩盛宴

景天科多肉植物色彩极为艳丽，欣赏之余，你能叫出它们的名字吗？

爱心小贴士

景天科多肉植物一般都比较喜光，因此在后期的盆栽养护中，保持充足的光照尤为重要。在光照充足的条件下，盆栽中的多肉植物叶片会变色，色彩斑斓。

① 霜之朝 景天科石莲花属

形态特征：根系强大，绿色叶透明度较低，日照充足时非常紧凑，但色调会稍暗。

养护要领：夏季高温时控制浇水。

② 千佛手 景天科景天属

形态特征：长圆形的肉质叶排列成两列，直立并稍向内弯，顶部截形稍凹陷，表面粗糙。

养护要领：喜全日照，但夏季应遮阴。

③ 乙女心 景天科景天属

形态特征：灌木状肉质植物，叶片簇生于茎顶，呈圆柱状，叶淡绿色或淡灰蓝色，叶先端具红色。

养护要领：夏季干燥时需喷水保湿。

④ 姬秋丽 景天科风车草属

形态特征：叶较厚，像舌头，叶面光滑，带有白色斑点或条纹状锦斑，看起来像元宝。

养护要领：以全日照为主，夏季需适当遮阴。

⑤ 蓝石莲 景天科石莲花属

形态特征：叶片莲座形密集排列，叶缘光滑，有叶尖，新叶色浅，老叶色深。

养护要领：生长期多浇水，冬季保持盆土干燥。

⑥ 子持年华 景天科瓦松属

形态特征：翠绿色的叶片上部透明，叶面有暗褐色条纹或中间有褐色、青色的斑块。

养护要领：夏季需遮阴并少量浇水。

⑦ 吉娃莲 景天科石莲花属

形态特征：卵形至披针形的叶片呈浅绿色，叶面被白霜，叶缘红色。

养护要领：盛夏和冬季皆需控制浇水。

石莲花属植物

景天科石莲花属多肉植物原产于美国、墨西哥和安第斯山地区。本属多肉多呈莲座状，叶片肉质多彩，并被有绒毛或白粉。

石莲花属多肉植物喜阳光充足的环境，可全日照养护，但夏季需适当遮阴。冬季气温保持在5℃以上。生长期可每周浇水一次，冬季盆土需保持干燥。

精美别致的多肉贝壳

海洋里的贝壳绚丽多姿，以珍珠岩、小碎石等基质铺底，放入可爱的多肉组合，满溢的多肉就像贝壳中的珍珠一样美丽。这样一个精美别致的多肉贝壳，怎能不赠予好友呢？

爱心小贴士

不同科属的品种搭配在一起要尤其注意浇水问题。仙人掌科多肉较为耐旱，相比景天科多肉需水量更少。星美人叶表被有浓厚的白粉，这些白粉具有不可再生性，浇水时要避免溅到植株上，影响美观。

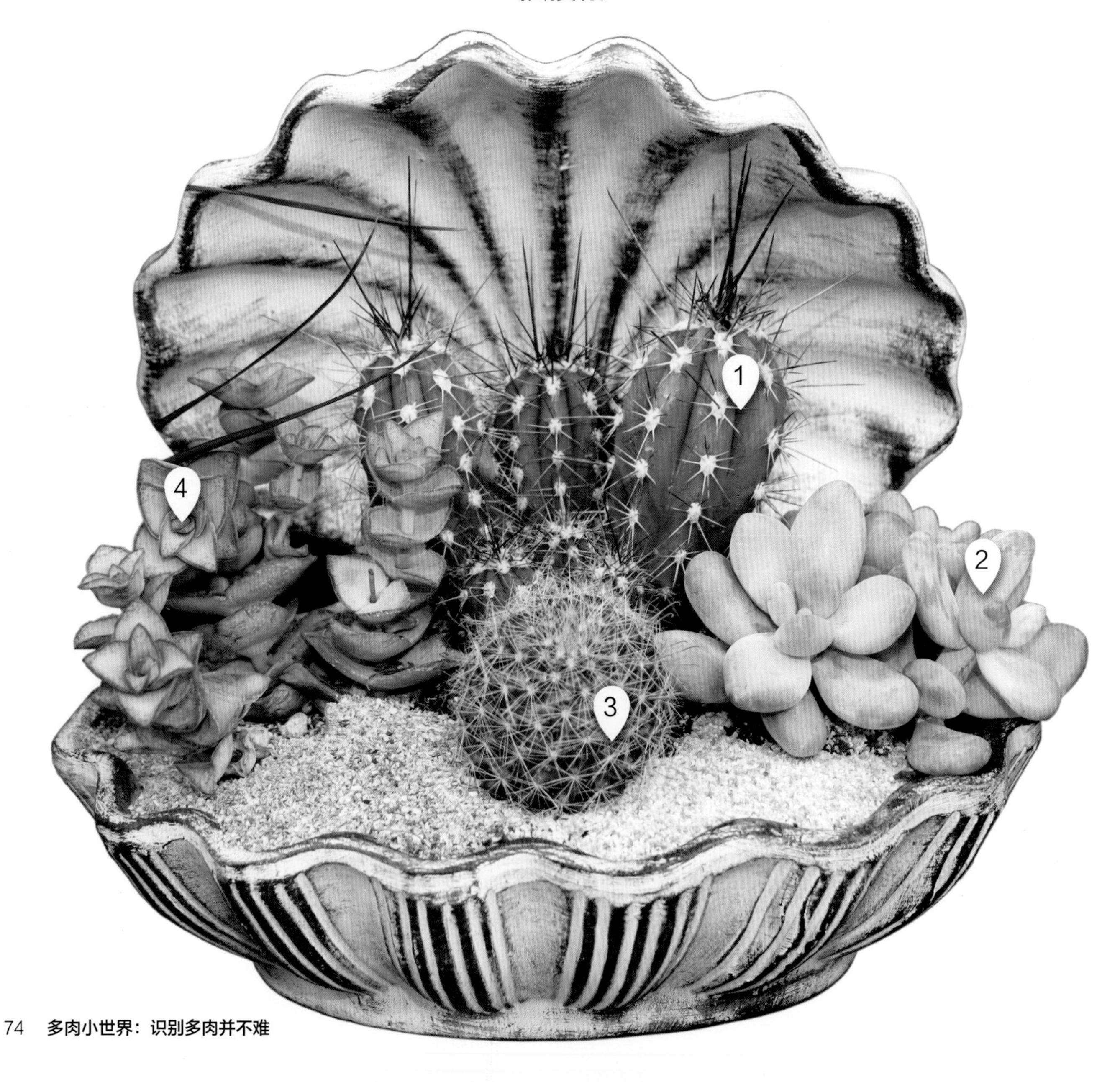

① **奇仙玉** 仙人掌科白仙玉属

形态特征：茎球形至圆筒形，具低矮的棱，刺座排列稀，着生黑褐色刺。

养护要领：生长期每周浇水两次，较喜肥，每月施肥一次。

② **星美人** 景天科厚叶草属

形态特征：肉质叶呈倒卵状椭圆形，先端圆钝，表面平滑，叶色灰绿至淡紫色，被有浓厚的白粉。

养护要领：夏季强光时适当遮阴，控制浇水。生长期多浇水。

③ **金蝶球** 仙人掌科子孙球属

形态特征：植株呈扁球形至圆球形，顶部下凹，茎灰绿色，刺座着生周围刺 30 至 35 枚。

养护要领：夏季适当遮阴，控制浇水。

④ **钱串景天** 景天科青锁龙属

形态特征：叶片卵圆状三角形，叶表浅绿色，叶缘红色，幼叶上下叠生。

养护要领：喜光照充足，夏季强光时需要适当遮阴。

温馨的多肉礼物篮

多肉植物外形美观、娇小可爱，很适合作为礼物赠送给朋友。

温馨提示

在光照充足的情况下，鲁氏石莲花的叶片会略带红色，更加美观，光照不足时则观赏性降低。

让礼物变得与众不同

很多人遇到过这样的情况：当好朋友过生日时，最怕的不是没钱买礼物，而是不知道该送什么礼物，总觉得那些常见的礼物不能表达自己的心意。

现在，广为流行的多肉植物可以让礼物变得与众不同。把自己精心养护的多肉植物送给朋友，让朋友在工作之余，仔细欣赏多肉植物的萌拙可爱、艳丽多姿，并从与多肉的共同成长中获得乐趣，保持愉悦的心情，这不仅有创意，而且带有自己最真诚的心意。

鲁氏石莲花 景天科石莲花属

形态特征：叶片呈匙形，先端有小尖，叶上半部有微龙骨突。

养护要领：较耐旱，生长期适当浇水。

仙人掌的独特美

苗条的身材、独一无二的脊棱、小巧的刺座、五颜六色的针刺，造就了仙人掌科多肉别具一格的美丽。

① 金冠龙　仙人掌科强刺球属

形态特征：灰绿色的棱缘疣突明显，刺座着生周围刺和中刺，新刺金黄色。

养护要领：耐干旱，生长期适度浇水，冬季要保持干燥。

② 多刺大戟　大戟科大戟属

形态特征：棱缘呈淡绿色，密生红褐色至灰褐色的粗壮刺。

养护要领：喜强光，夏季注意控水，冬季停止浇水。

③ 锦绣玉　仙人掌科锦绣玉属

形态特征：植株长球形至筒形，具深绿色、呈螺旋状排列的棱。

养护要领：较耐旱，夏季适当浇水。

④ 瑞凤玉　仙人掌科星球属

形态特征：植株圆筒形至长圆形，刺座生于棱脊上，周围刺和中刺黄褐色。

养护要领：较耐旱，秋冬保持干燥，夏季需要适当遮阴。

大戟属植物

大戟科大戟属多肉植物原产于非洲、阿拉伯半岛等地，与仙人掌十分相似。

大戟属多肉植物喜阳光，耐干旱，但不耐寒，冬季室温应保持在10℃以上。

温馨提示

银手指不耐寒，冬季要注意保暖，需将银手指放在室内养护，以免冻伤或死亡。

美妙的银手指组合

用银手指单独营造的盆栽，别有一番令人愉悦的美感。

给你意外的小惊喜

银手指性喜阳光，不怕晒，既可以与其他多肉搭配在一起种植，也可以独自组合成盆栽。

由银手指单独组成的盆栽清新独特，最好放置在向阳的窗台上，充足的光照会使银手指的绿色表面与白色软刺更加美观，令人欣喜。

窗台上的银手指，总会在不经意间给你意想不到的惊喜。在上班或下班的时候，你偶尔会看到美丽的银手指上开着黄白色的小花，因为它的花期一般在清晨或傍晚，持续时间为几小时到一天，运气好时，早晚都可看见。那种心情，真是妙哉！

银手指 仙人掌科星球属

形态特征：柱状的外形犹如手指一般，身上有白色软刺。

养护要领：喜阳光，耐干旱，春秋季节每两周浇一次水，冬季停止浇水。

石头生出多肉花

久经风雨的石头有着天然的凹槽，随便放入一些疏松的土壤，种上些许新鲜稚嫩的多肉，极具生命力的多肉就像是石头上生出的花朵，自然美丽，使石头和整个盆栽充满新意。

爱心小贴士

石头的凹槽较小，不宜植入太大的多肉，可以用植株较高的星王子和匍匐生长的吹雪之松锦作为盆栽的视觉延伸。在养护过程中，宜用注水器小心注水，并保持充足的光照。

① **星王子** 景天科青锁龙属

形态特征：叶片心形或长三角形，叶色浓绿，冬春时叶呈红褐或褐色，形成宝塔状，非常美丽。

养护要领：夏季高温休眠时要减少浇水量。

② **银波锦** 景天科银波锦属

形态特征：茎粗壮直立，卵形的叶片呈绿色，顶端扁平，叶缘呈波浪起伏状。

养护要领：老株应经常修剪。

③ **吹雪之松锦** 马齿苋科回欢草属

形态特征：叶表嫩绿色，茎部生长有白色丝状物，酷似蛛网，十分可爱。

养护要领：以全日照为主，夏季高温强光时需适当遮阴。

④ **斑纹十二卷** 百合科十二卷属

形态特征：与条纹十二卷相似，不同点在于其叶背的白色条纹比条纹十二卷更明显。

养护要领：喜明亮光照，冬季放在阳光充足处养护。

360 度观景的多肉玻璃球组合

三只种满多肉的玻璃球组合在一起，可以 360 度观景，另有一番滋味。

① 红稚儿 景天科青锁龙属

形态特征：颜色反差大，正常情况为绿色，春秋季节日照充足、温差增大时整株都会变为火红色。

养护要领：夏季高温时需适当遮阴。

② 紫星光 番杏科仙宝属

形态特征：叶呈圆柱状，淡绿的叶片顶端生有白色刚毛，是仙宝属中最为常见也最具代表性的品种。

养护要领：喜肥，可全日照养护。

③ 虹之玉锦 景天科景天属

形态特征：绿色的叶片上带有白色锦斑，色调较虹之玉更温和，且在日照增加时会变为粉红色。

养护要领：生长期盆土保持稍湿润，冬季保持干燥。

④ 卷绢 景天科长生草属

形态特征：叶倒卵匙形，绿色至青绿色，全身长满白色的绒毛，后期结成类似蛛网的模样，和蛛丝卷绢很像。

养护要领：少量施肥，盆土以稍干燥为宜。

⑤ 垂盆草 景天科景天属

形态特征：茎匍匐生长，易生根，不育枝及花茎细，匍匐而节上生根，叶倒披针形至长圆形。

养护要领：冬季要保持一定的温度。

⑥ 新玉缀 景天科景天属

形态特征：叶纺锤形，充足的日照会让叶片变得肥厚饱满，全年保持绿色，后期垂吊生长。

养护要领：夏季高温时要减少浇水。

⑦ 雷神 龙舌兰科龙舌兰属

形态特征：叶灰绿色，排列成莲座状，叶端急尖，长有红褐色尖刺，叶缘有浅波状齿。

养护要领：生长期干透浇透，冬季保持盆土干燥。

长生草属植物

景天科长生草属多肉植物原产于欧洲和亚洲的山区。本属多肉多呈莲座状，多为密集丛生的多年生常绿肉质草本。

长生草属多肉植物喜温暖、干燥和阳光充足的环境。不耐寒，冬季气温应保持在 5℃以上。生长期一般不需要太多的水，只需保持盆土稍湿润即可。

7
2
6
5
1
3
4

粗犷的木质多肉盆景

用随处可见的木头制作多肉盆景，经得起风吹日晒，生机勃勃，非常粗犷。

让阳台变得多姿多彩

如果你还在用普通的花盆或是瓶瓶罐罐来装饰阳台，就真的落伍喽！

阳台通风良好、光照充足，适合大部分多肉生长，尤其是在充足的阳光下能变得非常艳丽的多肉植物，比如景天科多肉乙女心、白牡丹等。

当你去阳台晒太阳时，不仅能感受到阳光洒在身上的温暖感觉，而且能够饱览多肉植物的缤纷色彩，仿佛进入了一个自然纯真的彩虹天堂，那样一种惬意与美妙，是其他装饰物望尘莫及的。

温馨提示

根据阳台空间的大小来选择适合的多肉植物及盆器，日照强烈时要注意遮阴。

乙女心 景天科景天属

形态特征：叶片为圆棒状，弱光时叶色浅绿，强光与昼夜温差加大时叶色慢慢变红。

养护要领：夏季高温时控制浇水。

Chapter 04

多肉植物的旧物利用

用废弃的旧物制作多肉盆栽，不仅可以很好地衬托多肉的美，使整个盆栽更有意境，而且可以加快认识各种多肉哦！

旧物利用环保又美观

特殊的多肉花器——旧物

多肉植物花器的种类很多，按材质来分，有陶瓷质、铁质、木质等，都有各自的特点。在选用时，有人喜欢陶器的古朴，有人酷爱白瓷的清新，有人钟情于塑料的轻巧，还有人痴迷于玻璃的明亮。不管是哪种材质的花器，人们在使用时首先想到的往往就是去市场上选购。

其实，在种植多肉植物时，没必要去市场上选购花器，在我们的日常生活中，许多废弃不用的物品稍加改造或直接利用，就是很好的多肉花器。

多肉花器——旧喷壶

哪些旧物适合做花器

随着多肉植物的流行，用废旧物做花器的现象已非常普遍，究竟哪些废旧物适合使用呢？

适合做花器的废旧物品大多来源于家庭生活，主要有以下三种。

其一，食用器具。在日常生活中，我们所用的碗、盘子、杯子、汤勺等废弃不用后，皆可作为多肉花器。还有一些饮料瓶、奶粉罐、易拉罐等，也可改造使用。

其二，穿戴用具，主要指鞋子和帽子。鞋子的种类很多，不同样式的鞋子适合种植不同种类的多肉，如鞋面较宽大的适合种植吉娃莲等莲座状多肉，鞋身较高的则适合珍珠吊兰等具悬垂效果的多肉。帽子的种类和材质也很多，可以根据多肉植物不同的特点选用。

其三，其他家庭用具，主要包括旧水桶、旧喷壶、旧木桌、旧铁椅等。

除了这些之外，特别需要提到的是鸡蛋壳，这是一种极具创意的多肉花器。小小的蛋壳搭配上可爱的多肉植物，放在蛋托中、摆放在桌上，必然会是一道亮丽的风景线。而且，蛋壳里剩下的那一点蛋清含有丰富的养分，用来栽培多肉植物是再好不过的了。

破旧的铁水桶可以改造成种植多肉植物的花器。

木质收纳盒具有独特的美感，与多肉搭配也很和谐。

旧推土车开口宽大，适合制作多肉盆栽，非常美丽。

窄小的女鞋适合种植株形宽大的单棵多肉植物。

宽大的男鞋栽培密集呈匍匐状的多肉植物，焕然一新。

生锈的铁槽里种上莲座状多肉，有一种和谐的美感。

用旧物做花器的优点

用旧物做多肉的花器，优点还是相当明显的，具体来说包括以下几个方面。

带来不同的感觉。家中的旧物使用了很久，人们对它已经有了很深的感情，用它来种植多肉，带给人的感觉自然和买来的不同。而且，有些旧物经过风雨侵蚀后独有的外形和色彩，能更好地衬托多肉植物，带给人一种不同的美感。

与家庭环境更契合。一般的多肉盆栽都会放在家中养护，而家中的旧物在整个家庭环境中已经有了自己的位置，用它们种植多肉后，再放回原处养护，能更好地与环境搭配。比如，在原本放在餐桌上的碗里种上多肉植物，又放回餐桌欣赏，岂不是更有和谐的画面感?

经济节约。用家中的旧物做多肉花器，可以节省开支。家中的旧物一般都很多，瓶瓶罐罐都可以拿来做花器使用，这样就不用去市场购买那些昂贵的花器，最大程度节省了种植多肉的开支。

健康环保。用家中的旧物做多肉花器，可以有效地保护环境。旧物的最终宿命是被抛弃在大自然中，这样会对环境造成不利的影响。而利用旧物种植多肉植物，不仅使旧物有了自己的价值，重新焕发了生机，而且对保护环境起到了很大的作用。

门旁的旧物花器

如何选用旧物花器

虽说大多数旧物都能做多肉花器，但在选择时仍需要多加注意。

圆形花器适宜搭配球形品种，如果是又大又圆的多肉植物，最好在家中寻找圆形的旧物来搭配。

方形花器适宜搭配群生以及棱角分明的种类，如圆柱麒麟、梦幻乐等；金麒麟棱角分明，配以方形盆，颇有传统树桩盆景的神韵；梅花瓣形花器配上朝霞的缀化品种，相得益彰，珠联璧合。

还有些株形特殊的植物，要换一种思路去搭配。喷炎龙有着小树一样的"树冠"和布满强刺的"树干"，配上明显小于树冠的内敛的圆盆，就能让树的霸气淋漓尽致地张扬出来。

虽然说多肉植物对花器的要求并不高，但是为了获得更好的观赏效果，在花器的选择上还是要下一些功夫。尤其是对于旧物花器而言，在花器外观已经不占优势的情况下，更需要慎重地选择，将花器与多肉植物搭配起来，制作出美丽的盆景。

旧座椅色调比较单一，要想制作出迷人的盆景，必须从色彩的搭配入手。锈铁椅的椅面宽大，可以先铺一层金黄色的水苔，然后搭配上以绿色为主的多肉，这样的盆栽美丽且富有生气。

鞋子是一种很适合做多肉花器的旧物。由于鞋子表面的空间有限，所以较小的多肉植物与之搭配会更有感觉。而为了整体上的和谐，使用高低不同的多肉，和鞋子的高度保持一致，才更能突出主体。

旧的工具车比较浅，整体的开口很大，如果与又高又细的多肉植物搭配，显然不协调，而与株形较矮的莲座状多肉搭配，就很有美感。特别是一些群生并具悬垂效果的多肉，挂在较高的车上，风姿无限。

常见旧物的利用实例

萌拙可爱的多肉盆栽组合

在较大和较小的盆器中分别植入形色各异的多肉植物，仙人掌科多肉白色或金黄色的绵毛总能带给人们萌拙的感觉，极具肉感的天使也很可爱，将这些盆器组合在一起，十分美观。

① 大凤龙 仙人掌科大凤龙属

形态特征：植株呈柱状，体形高大，具浅绿色棱，白色的刺座密生于棱缘之上。

养护要领：比较耐旱，夏季减少加水。

② 小町 仙人掌科南国玉属

形态特征：植株多为球形或圆筒形，深绿色的茎上着生白色刺座，刺座上具白色绒毛。

养护要领：喜全日照，但夏季应遮阴。

③ 白角麒麟 大戟科大戟属

形态特征：柱状茎具四条短棱，棱缘着生具白色短绒毛的刺座，植株顶部有少许短硬尖刺。

养护要领：夏季强光时适当遮阴。

④ 天使 番杏科肉锥花属

形态特征：多年生小型肉质草本，成年植株易群生。肉质叶对生，顶部中央裂开，叶以浅绿色为主。

养护要领：夏季高温多湿季节要注意防水降温，生长期控制浇水。

⑤ 翁柱 仙人掌科翁柱属

形态特征：植株呈柱状，青绿色的茎上有棱，棱上着生刺座，刺座生有长而弯曲的白毛。

养护要领：夏季高温时适当遮阴。

⑥ 绫波 仙人掌科金琥属

形态特征：植株为扁球形或桶形，表面灰绿色并带有疣突，稀疏的刺座呈绵毛状。

养护要领：夏季控制浇水，防止烂根。

肉锥花属植物

番杏科肉锥花属多肉植物原产于南非和纳米比亚，球形或倒圆锥形，顶面有深浅不一的裂缝，生长缓慢。

肉锥花属多肉喜温暖、低湿和阳光充足的环境，夏季忌高温潮湿，生长期需保持盆土稍湿润，冬季保持盆土干燥。

绿意盎然的多肉陶罐

废旧的陶罐内种上多肉，在色彩的鲜明对比中彰显出多肉植物的质感，美丽而不乏韵味。

爱心小贴士

用废旧的陶罐种植多肉植物，色彩的搭配最为重要。绿色系的多肉植物能让色调古朴的旧陶罐充满生机与活力，建议选用。

① 波头 番杏科肉黄菊属

形态特征：菱形的叶片呈绿色，正面平，背面稍龙骨状突起，叶缘时有银白色波纹。

养护要领：喜阳光充足的环境。

② 九轮塔 百合科十二卷属

形态特征：肥厚的叶片先端急尖，向内侧弯曲，螺旋状地环抱株茎。

养护要领：盆土不能积水，空气干燥时可以喷水。

③ 五色万代锦 龙舌兰科龙舌兰属

形态特征：叶片披针形，中间淡绿色，两侧深绿色，最边缘为黄色宽条带，叶缘有波状淡褐色齿刺。

养护要领：夏季可多浇水，保持盆土湿润。

④ 鹰爪 百合科十二卷属

形态特征：肉质叶呈圆筒状，叶片起初直立，后张开呈抱茎状态，背部突起，有白色星点。

养护要领：耐干旱，生长期要保持盆土湿润。

⑤ 白帝 胡椒科草胡椒属

形态特征：浅绿色至黄绿色的叶片呈三角状披针形，叶面扁平，叶背突起呈龙骨状，具白色疣状突起，呈横条纹状。

养护要领：喜光照充足的环境，生长期需要多浇水，保持盆土湿润。

⑥ 笹之雪 龙舌兰科龙舌兰属

形态特征：三角状长圆形叶片呈深绿色，带有白色斑纹，叶尖较圆且顶端生有棕色刺。

养护要领：喜肥，生长期每半月施肥一次。

⑦ 绫锦 百合科芦荟属

形态特征：披针形的肉质叶片呈深绿色，有白色斑点和白色软刺，叶缘具细锯齿。

养护要领：夏季控制浇水，冬季减少浇水并保持盆土干燥。

芦荟属植物

百合科芦荟属多肉植物原产于高温少雨的热带沙漠地区，为常绿多年生草本或灌乔木。

芦荟属多肉喜温暖、干燥和阳光充足的环境，耐干旱和半阴。生长期可多浇水，冬季应减少浇水，保持干燥。

颠覆想象的垃圾桶组合

垃圾桶也能制作多肉盆栽？虽然有点不可思议，但垃圾桶搭配上不同的多肉，放置在一起，别有一番意料之外的妙趣。

① 翡翠殿 百合科芦荟属

形态特征：茎初直立、后匍匐，叶螺旋状互生，茎顶部排列成较紧密的莲座叶盘。

养护要领：生长期可多浇水，夏季控水。

② 油点百合 百合科绵枣儿属

形态特征：紫红色的茎肥大呈酒瓶状，茎顶着生 3 至 5 片肉质叶，银绿色并具有不规则的斑点，叶背紫红色。

养护要领：喜水，生长期多浇水。

③ 朱丽球 仙人掌科丽花球属

形态特征：表面深绿色，棱由整齐的瘤状疣排列而成，瘤状疣的顶端为刺座，着生黄白色刺，老刺转为褐色。

养护要领：生长期适度浇水，冬季控水。

④ 春萌 景天科景天属

形态特征：肉质灌木，茎直立，性喜温暖和阳光充足的环境。

养护要领：夏季适当遮阴，控制浇水。

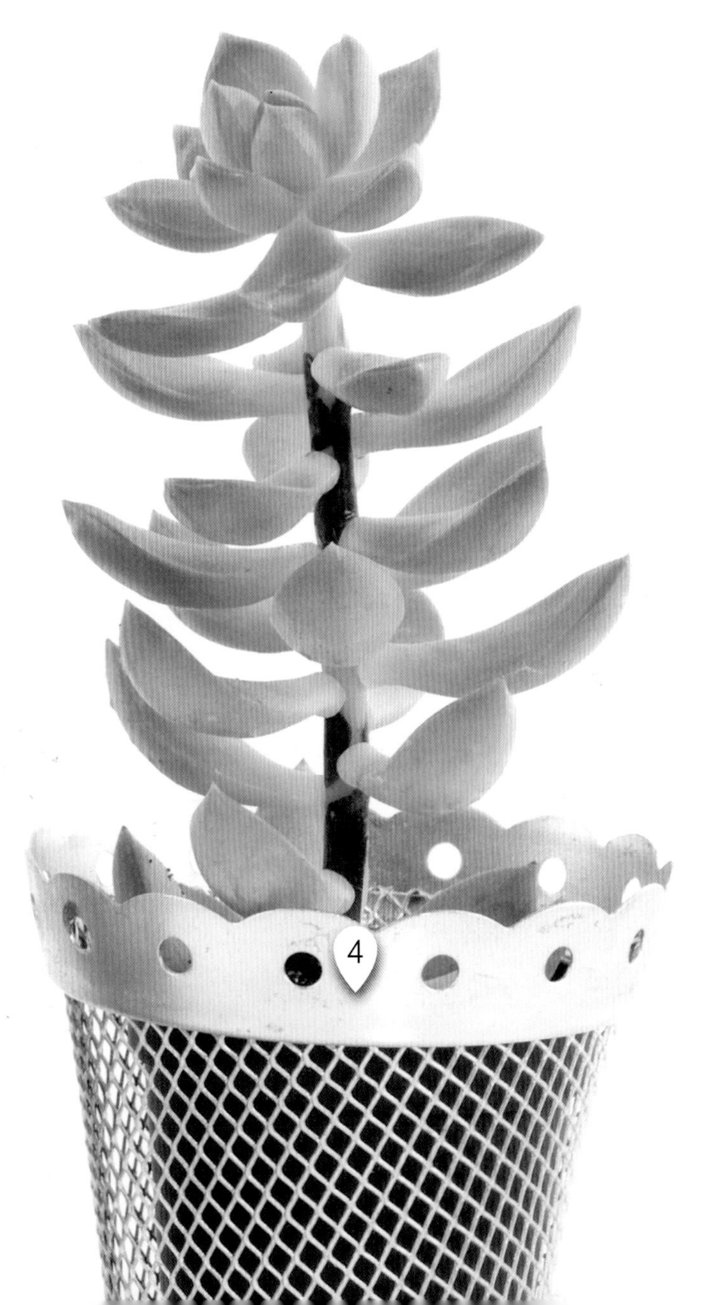

仙人掌植物乐园

用仙人掌植物组合成的盆栽，像极了一个小乐园，快来认识它们吧!

爱心小贴士

为了营造乐园般的景象，宜选用外形不同的仙人掌多肉植物搭配，比如柱状的与球形的搭配，带刺的和生有绵毛的组合。

① 幻乐 仙人掌科老乐柱属

形态特征：植株呈柱状直立，茎淡灰绿色，有棱。褐色的刺座密集生长，全株被白色丛状毛。

养护要领：耐干旱，生长期适度浇水。

② 月世界 仙人掌科月世界属

形态特征：植株呈球形至倒卵球形，密被毛状细刺，表面有小疣突起并着生刺座。

养护要领：春秋季适度浇水，其他时间保持干燥。较喜肥，生长期要施肥。

③ 新天地 仙人掌科裸萼球属

形态特征：茎灰绿色或淡蓝绿色，具有突起的小瘤块，刺座着生红褐色至黄色刺。

养护要领：喜肥，生长期每月施肥一次。

④ 金琥 仙人掌科金琥属

形态特征：植株单生呈球形，茎亮绿色，刺座上着生金黄色的刺。

养护要领：喜阳光充足的环境，生长期每周浇水一次，冬季停止浇水。

⑤ 绯绣玉 仙人掌科锦绣玉属

形态特征：中绿色的茎呈球形或圆筒形，顶部下凹，白色的刺座着生各色的刺。

养护要领：喜阳光充足的环境，生长期适度浇水。

⑥ 老乐柱 仙人掌科老乐柱属

形态特征：呈树状或灌木状，植株较高。茎上密集覆盖白色刺座，着生淡白黄色短刺，生长有白色丝状毛。

养护要领：耐干旱，生长期适度浇水，其他时间保持盆土干燥。

⑦ 高砂 仙人掌科乳突球属

形态特征：植株呈球形，密集的刺座上不是白色的绵毛，而是白色软毛状的刺。

养护要领：生长期每半月施肥一次。

⑧ 瑞云 景天科石莲花属

形态特征：灰绿色至紫褐色的表面有阔棱，棱脊上着生刺座，周围有刺并伴随着白色绒毛，形态较美观。

养护要领：夏季强光时适当遮阴。

⑨ 白玉兔 景天科石莲花属

形态特征：叶片上有一层很厚的白粉，日照充足时会变为粉色，非常抢眼。

养护要领：喜强光，生长期适当浇水。

恣意绽放的多肉水桶

红、黄、绿等色彩对比强烈的多肉生命力十足，以水桶为根据地，恣意绽放。

① 小球玫瑰　景天科景天属

形态特征：植株低矮，茎细长，常呈匍匐状，易群生。近似圆形的叶片互生或对生，叶缘波浪状。

养护要领：比较耐旱，夏季减少浇水。

② 玫瑰景天　仙人掌科翁柱属

形态特征：叶片长卵圆形，先端圆钝，正面中间部分有一条凹痕，黄绿色的叶面光滑。

养护要领：喜全日照，但夏季应遮阴。

③ 熊童子　景天科银波锦属

形态特征：倒卵球形的叶片呈灰绿色，密生细短绒毛，顶端叶缘具爪样齿。

养护要领：喜光照充足的环境，生长期保持盆土湿润。

④ 球兰　萝藦科球兰属

形态特征：肉质叶卵圆形至卵圆状长圆形，叶片常为绿色。

养护要领：喜水，夏季每周喷两次水。

⑤ 紫石莲花　景天科石莲花属

形态特征：叶片呈披针形，先端渐尖，正面稍向下凹陷，一般叶片呈紫绿色。

养护要领：夏季高温时适当遮阴。

⑥ 乙姬花笠　景天科石莲花属

形态特征：叶缘淡红色并呈波浪状起伏，正常情况下表面灰绿色。

养护要领：生长期保持盆土湿润，空气干燥时向周围喷水。

银波锦属植物

景天科银波锦属多肉植物原产于非洲和阿拉伯半岛。本属植物常呈群生状，肉质叶丛生或对生，大多数种类被白粉。

银波锦属多肉喜温暖、干燥和阳光充足的环境，耐干旱，怕水湿和强光直射。生长期保持盆土稍湿润即可，冬季保持盆土干燥。

魅力无限的生石花装饰盆

将生石花与白色的瓷质盆器搭配在一起，就成了家中可以随意摆放的装饰物，简单大方又充满无限的魅力。

爱心小贴士

生石花属多肉植物，在养护时要尤其注意。由于它们不耐寒，所以冬季必须在室内养护，温度要保持在12℃以上，且盆土需保持干燥。

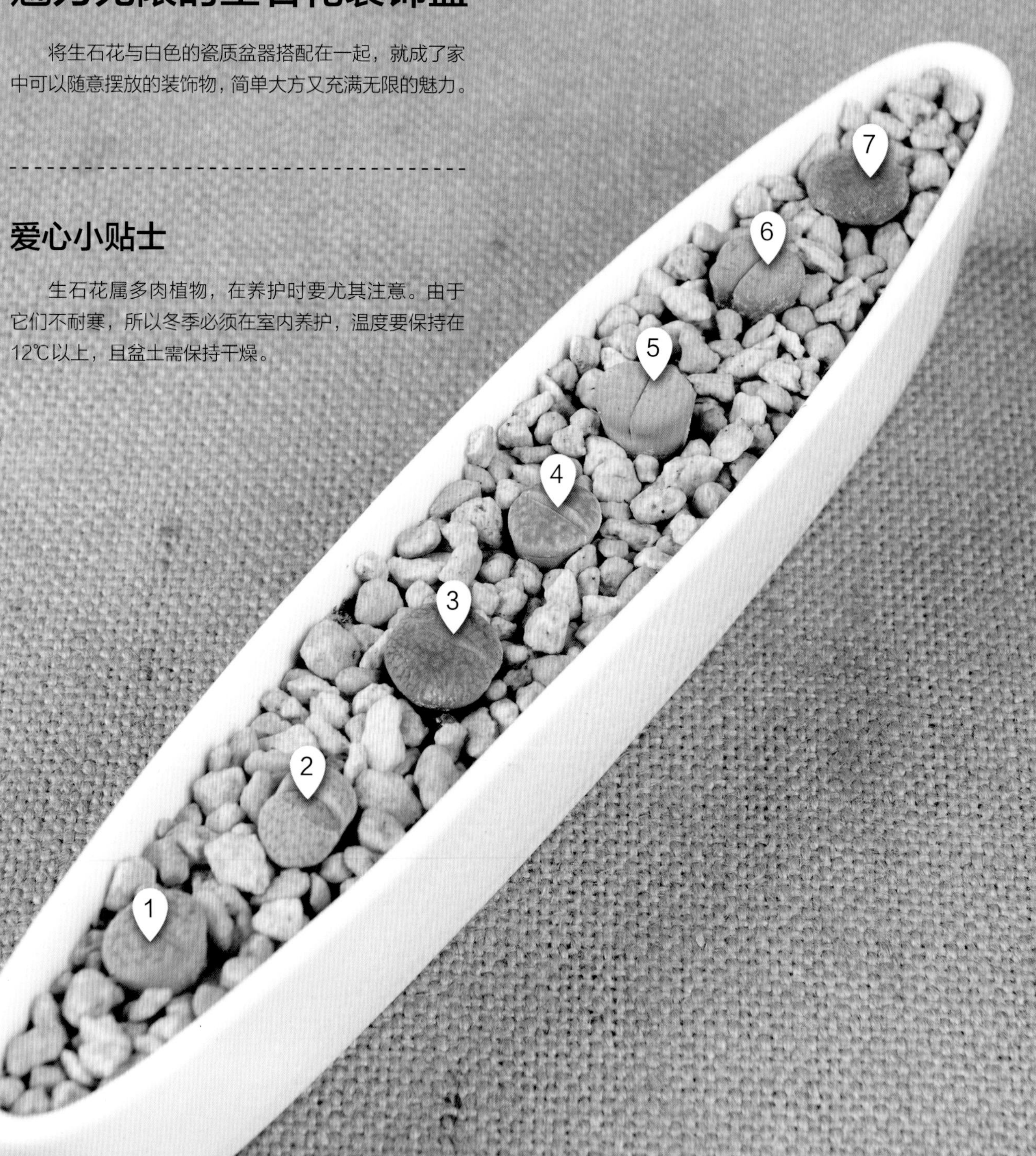

① 花纹玉 番杏科生石花属

形态特征：叶片整体呈浅灰紫色，顶端具下凹的深褐色花纹。

养护要领：夏季到秋季充分浇水，其他时间保持盆土干燥。

② 荒玉 番杏科生石花属

形态特征：灰白色的植株多群生，截形的叶片稍向上凸，不透明的两叶对称，表面粗糙，褐色的花纹清晰。

养护要领：保持盆土干燥，生长期也需要适度浇水。

③ 福来玉 番杏科生石花属

形态特征：叶呈倒圆锥形，叶表浅灰绿色至灰绿色，顶面带有不规则的褐色花纹。

养护要领：喜水喜肥，生长期可充分浇水，每月施肥一次。

④ 福寿玉 番杏科生石花属

形态特征：对生的叶片呈卵状，顶面紫褐色并有树枝状下凹的红褐色斑纹，开出的菊状花呈白色。

养护要领：喜全日照环境，夏秋季节可以充分浇水。

⑤ 丽红玉 番杏科生石花属

形态特征：肉质叶对生，紫灰色稍带绿色，顶面有深橄榄绿色花纹及红色条纹。

养护要领：开花后停止施肥。

⑥ 施氏生石花 番杏科生石花属

形态特征：球状叶顶面肾形，色彩多样，呈深灰色至黄绿色、橙色、淡红褐色不等，具蓝色或深灰色花纹。

养护要领：喜冬暖夏凉的气候，盆土需保持干燥。

⑦ 微纹玉 番杏科生石花属

形态特征：叶片顶端灰褐色，花纹和叶片间的缝隙皆较浅。

养护要领：夏秋季节可充分浇水，其余时间保持盆土干燥。

生石花属植物

番杏科生石花属多肉植物原产于南非和纳米比亚的岩缝中，几乎无茎，外形和颜色酷似卵石，是世界著名的小型多肉植物。

生石花属多肉植物喜温暖和阳光充足的环境，不耐寒，冬季温度保持在12℃以上。春秋生长季需充分浇水，其余时间保持干燥。

温馨提示

玻璃杯易碎，因此在摆放时要小心谨慎，将其固定好，避免掉落破碎。

品味自然
多肉玻璃杯组合

用普通的饮水杯做一个尝试，将适合杯器、植株较高的多肉植物植入其中，绿意盎然的多肉只有头部越过杯身，显得俏皮可爱。

双层透视的美感

用玻璃杯种多肉，在特定的场景下可以享受双层透视带来的美感。

在玻璃杯中种植多肉植物，通过透明的杯身，可以很好地欣赏多肉的美丽姿态，享受透视的快乐。

若将多肉玻璃杯组合摆放在方格状的窗台上，就能体验双层透视带来的无穷美感。从窗户透视玻璃杯是一种美，从玻璃杯透视多肉植物又是一种美。

① 金钱木 马齿苋科马齿苋属

形态特征：肥厚的叶片呈卵形，排列酷似铜钱，是近年流行的优良室内观叶植物。

养护要领：喜温暖湿润的半阴环境。

② 天狗之舞 景天科青锁龙属

形态特征：绿色的叶片较薄，叶缘褐红色，在晚秋和早春温差大的时候尤为明显。

养护要领：夏季高温时控制浇水。

拒绝平庸　碎石的逆袭

不承认已经破损的石头毫无用处，让一棵棵叶片饱满、色彩艳丽的多肉入驻其中，使方形的破碎石头焕然一新。逆袭成为广受人们喜爱的盆栽风格，美丽而又多姿。

① 棒叶厚敦菊　菊科厚敦菊属

形态特征：肉质茎低矮，表皮灰绿色，呈不规则分枝状，茎部多生长点，每个生长点上生有绿色棍棒状叶片。

养护要领：喜欢温暖和光照充足的环境，生长期可以多浇水。

② 玉露　百合科十二卷属

形态特征：最具代表性的“软叶系”品种，植株小巧玲珑，叶色晶莹剔透，非常可爱。

养护要领：喜全日照，光照不足时易徒长。

③ 红卷绢　景天科长生草属

形态特征：植株非常低矮，多呈丛生状，叶端密生白色短丝毛，叶绿色。

养护要领：喜冷凉环境，生长期保持盆土湿润。

④ 红晃星　景天科石莲花属

形态特征：与同属的锦晃星非常相似，但叶片较直且更为宽大。

养护要领：喜水，夏季每周喷两次水。

⑤ 点纹十二卷　百合科十二卷属

形态特征：植株矮小，叶片紧密轮生在茎轴上，暗绿色的叶片无光泽，上面密布凸起的白点。

养护要领：夏季高温时适当遮阴。

⑥ 叉状吊灯花　萝藦科吊灯花属

形态特征：细柱状的茎直立生长，青绿色，茎上有分枝并具节间，叶片很小且脱落较早。

养护要领：夏季适当遮阴，生长期可以多浇水，保持盆土湿润。

吊灯花属植物

萝藦科吊灯花属多肉植物原产于非洲、亚洲、加那利群岛等地区。本属植物叶对生，呈卵状心形至披针形或线形。

吊灯花属多肉喜温暖、干燥、阳光充足的环境。不耐寒，冬季气温保持在10℃以上。春秋季生长期充分浇水，冬季保持干燥。

1
2
3
4
5
6

清澈萌拙
白色陶瓷组合

生石花与白色陶瓷组合，给人一种清澈萌拙的质感，令人爱不释手。

茶托中的细腻美

茶托在整个家居环境中太不起眼、太容易被忽略，因此放置在其中的多肉植物或组合很适合近距离欣赏。在茶托上摆放的多肉植物一定要具有细腻的美感，能够与茶托所处的悠闲静谧的空间搭配。

种满生石花的白色陶瓷杯组合适宜放置在茶托中，生石花独有的石头状外形，各式各样的美妙花纹以及黄、白、红、粉、紫等各色花朵，可以让人们静下心来仔细欣赏、把玩。

温馨提示

若茶托所处的位置不利于采光，可以定期将多肉连同茶托一起放置在阳光下补充光照。

生石花 番杏科生石花属

形态特征：根状茎肥厚柔软，着生球果状的“躯体”，外形和颜色都酷似彩色石头。

养护要领：冬季需在温暖、阳光充足处养护。

Chapter 05

多肉植物的家居摆放

拥有多肉的生活真是太美妙了。把多肉摆放在家中，时刻与这些萌萌的多肉为伴，生活充满了乐趣。每天与它们相见，久而久之，你们就成为最知心的朋友啦！

与多肉为邻的美好生活

多肉的家居摆放

除了鲜花和普通绿植，多肉植物也是家居装饰的好伙伴，可爱又鲜活的多肉会让整个家活力四射。不同的多肉植物有自己的特性和适合摆放的位置，在家中摆放时，需要根据他们的特性进行选择。一般来说，有六大位置适合摆放多肉植物，分别是阳台、窗台、书房、客厅、卫生间和厨房。

用多肉盆栽装饰的窗台

阳台

提到多肉植物的家居摆放，最先想到的就是阳台。的确，阳台是家中最适合摆放多肉的地方，尤其在城市，许多人在没有庭院的情况下，甚至把阳台作为唯一可以养花种草的场地。

许多人喜欢在阳台上养多肉植物，因为阳台上适合摆放多肉盆栽的地方很多。可以直接摆放在阳台的地面上；可以悬挂在阳台的墙面或晾衣杆上，欣赏多肉的悬垂美；阳台上的护栏最有利于接受光照，也是一个可以充分利用的空间。如果你拥有一个大阳台，在空间足够的情况下，还可以给多肉安排不同的分区，如大型造景、立体悬挂、小巧独特的单盆造景等，打造一个符合自己风格的多肉王国。

几乎所有的多肉植物都适合摆放在阳台上，因为从空间、位置、光照、通风等各个方面来说，阳台都有着极大的优势。和其他家居摆放点相比，阳台的主要特点有以下几个：阳台的空间比其他家居摆放点大，可以摆放各种不同的多肉盆栽，满足多肉爱好者的各种要求；阳台的光照充足，相比其他家居点而言，阳台每天所能接受的光照时间更长；阳台通风条件好，尤其是与窗台相对的南北通透户型的阳台，通风效果更佳；春秋季节阳台的温差较大，再加上充足的日照，会使多肉植物的色彩更加艳丽；阳台空间较大，很适合制作大型的造景，多肉爱好者可以充分施展个性。

通透明亮的阳台

窗台

窗台是仅次于阳台的多肉摆放点，与阳台相比，这里的空间虽然不足，但也有自己独特的优势。

自身条件：窗台光照充足、通风良好，尤其是南向窗台，采光与通风并不比阳台差。但窗台的空间相对于阳台而言略有不足，能够摆放的多肉植物要少得多。

摆放位置：窗台上的多肉植物大都直接摆放在窗台边，也有悬挂在窗台一侧的。另外还有一种常见的摆放方法，就是直接将多肉盆栽悬挂在防盗窗的栏杆上。窗台虽小，也能制作一定的小型造景。

适宜植物：窗台光照充足，很适合摆放一些会变色的多肉植物，如景天科的虹之玉、花月夜以及黄丽等。由于窗台的空间相对较小，所以摆放的多肉植物不要过大，令人有压迫感，当然也不能太小。在摆放时，可以根据窗台的实际大小来决定多肉植物的大小。

注意事项：摆放在窗台上的大部分多肉植物要避免雨淋，有极端天气时（如大风、暴雨）应及时移走。

悬挂在窗台栏杆上的多肉盆栽组合，给人不同的视觉享受。

窗台边的几盆多肉植物小巧可爱，色彩艳丽。

在阳光的照射下，摆放在窗台上的多肉枝繁叶茂，煞是迷人。

不同的位置摆放不同的多肉盆栽，小型造景也颇具美感。

向外延伸的小木窗非常别致，摆上多肉盆栽就更加完美了。

单调的红色墙体上竟然有一个放着多肉盆栽的窗台，多么抢眼啊！

书房

书房和绿色植物总有着千丝万缕的联系，因为绿色植物对眼睛非常有好处，而多肉植物常年清新翠绿，所以也适合摆放在书房中。

自身条件：就空间而言，书房的空间足够大，但是除了书架、书桌之外，基本上没有适合摆放的位置。而且书房的光照和通风条件不是太好，所以不适合大量摆放多肉盆栽。

摆放位置：书房中的多肉盆栽首先选择摆放在书架或书桌上。摆满了书的书架充满了厚重的文化气息，给人很严肃的感觉，适当地摆放一些多肉盆栽，让书本的严肃与多肉的润泽相调和，该是多么养眼啊！多肉植物放在书桌上也很合适，看书累了，欣赏一下多肉植物，内心定会欣喜不已。当然了，如果书房中有落地窗，还可以摆放在落地窗边，这里阳光充足，通风也较好。

适宜植物：以绿色系为主。镂空的书架很适合搭配一大盆色系相近的多肉植物组合盆栽，但盆器不能超过书架的宽度。

注意事项：如果摆放在书架上的多肉接受不到光照，则需定期搬出去晒晒太阳，保持健康。

放有多肉的书房

客厅

客厅无疑也是一个经典的多肉摆放点，在客厅中摆放一些多肉植物和盆栽组合，不仅有利于自己观赏，朋友来访时，也可以一起细细品味这些小萌物，分享快乐。

自身条件：客厅的空间很大，也很明亮，而且一般会有阳台或窗台，透气性好，所以不用担心多肉植物的通风问题，但是光照有可能不足。

摆放位置：客厅中适合摆放多肉的位置很多。可以直接摆放在靠墙的地面上，既美观又不碍事；也可以放在茶几上，休闲品茶时可以慢慢赏玩；电视柜也是不错的选择，看电视累了还可以看着多肉植物，缓解一下眼疲劳。由于客厅空间较大，所以不必拘泥于一定的位置，可以自由摆放，只要合适就好。

适宜植物：一般来讲，空间较大的位置适合摆放株形较高大的多肉植物或盆栽，因此大型的盆景是客厅的首选，但也不全是这样。比如放在客厅茶几上的多肉或盆栽就要求小巧耐看，适合细细观赏，而且茶几很小，摆放大型多肉显然不合适。

注意事项：摆放在客厅中的多肉植物最需要注意的是光照问题，虽然在选择植物时可以选耐阴的，但是多肉植物还是离不开阳光，因此需要及时给它们补充光照。

盆栽组合直接放在客厅地面上，各色多肉植物相互搭配，再配上一些美丽的装饰石，丰富了宽敞的客厅。

客厅的桌面也很适合摆放多肉盆栽，绿色的多肉植物美观大方，充满活力，带给人愉悦的精神享受。

放在客厅桌面上的盆景不宜太大，但要耐看，能让人细细品味。仙人球的外形奇特，茎表的刺座和刺也很有观赏性，适合慢慢品鉴。

卫生间

对于多肉植物的家居摆放，卫生间是一个很容易被忽略的地点。许多人认为在卫生间里摆放多肉植物没意思、很可笑，其实不然。卫生间很适合摆放多肉植物和盆栽，而且还会有不一样的感觉哦！

自身条件：许多人不喜欢把多肉盆栽摆放在卫生间是因为觉得那里的环境不好。的确，和其他地点相比，卫生间的光照以及通风条件都比较差，但是在卫生间摆放多肉植物，能够给人不一样的感觉。

摆放位置：卫生间虽然空间不大，但是也有许多地方可以用来摆放多肉盆栽，比如马桶和洗漱台。在马桶的蓄水台面上放置一盆绿色的多肉植物，立刻让卫生间充满大自然的气息，进入其间的人也会有一种放松的感觉。还可以将线条优美的多肉植物种植在细长的欧式花瓶里，放在洗漱台上作为装饰物，你在洗漱时看到它，不觉神清气爽，身心放松。

适宜植物：卫生间缺少光照，所以应选用耐阴的多肉植物；多肉盆栽不宜高大，应以小巧精致为主。

注意事项：虽然卫生间的多肉植物大多耐阴，但是它们仍然需要阳光，因此在日常的养护中，不要忘记经常把它们拿到阳光下晒晒，以保持翠绿的色泽和优美的株形。

洗漱台上的多肉花瓶

厨房

家中的每一处地方都可以用来摆放多肉植物，厨房当然也不例外。在这个钢筋混凝土的世界，让厨房也住进绿色的多肉植物，沐浴在自然风中，真是难能可贵啊！

自身条件：厨房特殊的作用决定了它必然是一个明亮、通风良好的场所，这与多肉的要求很相符。厨房的光照适中，每天都有接触光照的机会。

摆放位置：厨房中的多肉植物适合放置在窗边，这里是光照最充足的地方；还可以放置在水槽边，台案也是绝佳的选择地点。在厨房中忙碌的时候，瞥一眼台案上的多肉植物，绿色的枝条、鲜嫩的叶片让人疲劳尽消。

适宜植物：一般的多肉植物都适合摆放在厨房里，尤其是稍耐阴的绿色植物，更能让厨房充满自然感。在厨房里，还可以用各种餐具来制作盆栽组合，比如盘子、漏勺等，然后将它们与其他的锅碗瓢盆放置在一起，别有一番风味。

注意事项：在厨房中放置多肉植物或组合盆栽，一定得放在远离灶台明火的位置，不然灶台的高温会让多肉变成“烤肉”。放在水槽旁的多肉要避免接触水，免得影响它的生长和美观。

厨房台案上的多肉小盆景

其他位置

除了以上六个位置之外，还有许多家居点也很适合摆放各种各样的多肉植物及盆栽，比如餐桌、储藏室、卧室、玄关、楼梯口等。

餐桌是一个适合摆放多肉植物的地方。吃饭时，不仅有美味的菜肴相伴，还可以欣赏到可爱的多肉植物，让整个用餐过程愉快而又温馨。餐桌一般比较简约，因此摆放的多肉植物宜简单，不宜复杂。直线条的桌面比较规则，搭配圆形的多肉植物组盆更有视觉感。既然是在餐桌上，那么碗是一个很好的盆器选择，在圆碗中植入多肉植物，搭配着餐具放在餐桌一侧，非常得体。

储藏室虽然不经常去，但是也不能忽视对它的装饰。在储藏室的桌角放置一盆体积较大、充满绿意的多肉盆景，可以有效地弥补桌面的空洞感。在环境的衬托下，绿色的多肉盆景还可以使整个房间充满自然的气息和清新的感觉。

在卧室摆放多肉也是可以的，因为卧室一般都有充足的光照和良好的通风条件。卧室里的多肉植物及盆栽可以摆放在床头柜上，绿色系的多肉在早晨和你一起醒来，它的自然气息会让你神清气爽，立刻摆脱赖床的念头，起床迎接美好的一天。也可以对墙壁稍加改造，让多肉身处墙壁之上，带给人不同的美感。

卧室里的多肉最好选择绿色系的，也可以选择能够水培的多肉，不仅更具欣赏性，而且可以使卧室免受泥土沾染，保持洁净。

如果卧室的采光条件不好，那么就需要定期将多肉植物搬到阳台上晒晒太阳。

卧室墙壁上的绿色系多肉

餐厅中的多肉

家居位置的摆放实例

强烈对比下的美
多肉小瓷杯

用小瓷杯平整光滑的杯面来衬托仙人掌植物粗糙的表皮，在强烈的对比下，突显多肉植物的形态美。

温馨提示

为了与小瓷杯的平滑形成对比，建议植入单棵群生的多肉植物。

窗台的小景观

对于多肉植物而言，窗台绝对是一个不可多得的风水宝地。这里阳光充足、通风良好，很适合多肉植物生存、繁殖。

窗台也是最能展现多肉植物美感的地方之一。清晨，阳光透过窗子洒在植株上，清新非凡。起床后，站在窗前，迎着朝阳看看美丽的多肉，一天的好心情就从这儿开始了。

放在窗台边的多肉植物不要太大，免得令人有压迫感，也不要太过迷你，合适的尺寸有助于美感的提升。

金盛球　仙人掌科仙人球属

形态特征：浅葱绿色的表皮和黄红色的细刺非常好看，是容易养护的人气品种。

养护要领：夏季喜阳光充足的环境，但忌强光直射。

温馨提示

若楼道口光照不足，可以适时将多肉植物移到阳光充足处补充光照。

霸气十足 巨型多肉盆景

有时，巨型的多肉盆栽能带给人一种霸气十足的美感。

楼道口的亮丽风景线

与茶托上细腻的小环境不同，楼道是与客厅同属一级的大环境，在不同的地方、从不同的角度，可以展现出多肉不同的美感。

在楼道口摆上一盆较大的多肉盆栽，当你在客厅看电视时，偶尔瞟两眼绿意盎然的多肉植物，不仅可以欣赏盆景的造型美，而且可以有效地缓解眼睛的疲劳感；当你通过楼梯时，驻足在多肉植物前，可以仔细观赏它们的叶形叶色、外观纹理以及美丽的花朵，又别有一番风味。为了更好地展现美感，多肉以玉树等株形较大的为宜。

玉树　景天科青锁龙属

形态特征：肉质茎粗壮，分枝多，小枝褐绿色。叶卵圆形，叶片灰绿色，边缘有红晕。

养护要领：喜温暖、干燥和阳光充足的环境。

多肉木框的变幻美

木框中的多肉只需换个角度，悬垂在宽敞的阳台上，就能获得不一样的美感。

① 蓝松 菊科千里光属

形态特征：叶片呈半圆棒形，顶端尖，叶表为浅灰蓝色，受到强光照射时会变为绚丽的紫色。

养护要领：喜阳光充足的环境。

② 千代田之松 景天科景天属

形态特征：叶片长圆形至披针形，叶表深绿色并被白霜，边缘具圆角，叶似纺锤。

养护要领：喜肥，冬季要停止浇水。

③ 美丽莲 景天科风车草属

形态特征：叶片呈卵圆形，先端带有小尖，排列成莲座状。阳光充足的环境下，叶片会非常饱满可爱。

养护要领：喜温暖、光线充足的环境。

④ 缘红辨庆 景天科青锁龙属

形态特征：叶片宽卵圆形至倒卵形，叶表灰绿色，叶缘红色。

养护要领：喜阳光，室外养护需防止雨淋。

⑤ 柳叶椒草 胡椒科草胡椒属

形态特征：干较为粗壮，叶顶端轮生，先端尖。

养护要领：生长期可以多浇水。

⑥ 桃美人 景天科厚叶草属

形态特征：叶匙形，正常情况下为青绿色，秋季光照强烈、温差增大时会转为美丽的粉红色。

养护要领：夏季注意通风和控水。

风车草属植物

景天科风车草属多肉植物原产于美国、墨西哥的高原地区，为多年生常绿草本。本属植物叶片呈莲座状，很像石莲花。

风车草属多肉喜温暖、干燥和阳光充足的环境，除了夏季需遮阴外，其他时间可全日照养护。不耐寒，冬季气温不低于5℃。春夏季适度浇水，秋冬季控制浇水。

1
2
3
4
5
6

温馨提示

玄关处光照不足，因此需要定期将多肉移至阳光充足处，以保证光照。

厚重质朴的素陶坛

多肉在色泽醇厚的素陶坛中自由生长，强烈的色彩对比彰显盆景的美感。

把工作情绪留在门外

玄关是家居中适宜摆放各种多肉盆景的地方。

将厚重质朴的多肉素陶坛放置在玄关，充满立体感的画面和清新的绿意是家中其他装饰物无法比拟的。

下班回到家中，当你从玄关经过时，首先迎接你的就是这些陈设的盆景。它们会提醒你：已经回到家中了，是时候转换心情了，家里不是工作的地方，应该充满温暖、舒适和轻松愉快，把工作中的情绪都留在门外吧！

紫牡丹 景天科长生草属

形态特征：蜡质的叶片边缘有小绒毛，冬春季节阳光充足时会呈现暗红色，非常美丽。

养护要领：夏季高温休眠时要减少浇水量。

温馨提示

若门口处的采光条件不佳，可适当将多肉盆景移至阳光充足处接受光照，以保持植株的美观。

青翠雅致的自然风多肉花篮

小小的花篮承载着较大的石莲花，虽然已经看不见花篮的姿态，但石莲花的青翠雅致足以让人流连忘返。

彬彬有礼的“小门童”

其实多肉植物不需要精心布置，也能呈现特别的感觉。比如放置在门旁拐角处的那一盆清丽雅致的多肉植物，在质朴的木地板的衬托下，显得随意而又清新。

当客人来访时，总是先看到位于门口的盆景，而它们也总对客人抱以最自然纯真的微笑。多肉植物优美的株形、嫩绿的色泽以及美艳的花朵，会使客人眼前一亮、身心愉悦。比起小门童，多肉植物自然、有礼貌，有过之而无不及。

玉蝶 景天科石莲花属

形态特征：叶片匙形，淡灰色并被白粉，先端有一小尖，莲座状叶盘较大，叶片较多。

养护要领：生长期盆土不宜过湿，以干燥为好。

温馨提示

房屋外壁接受的阳光多，应选用耐日照的多肉植物，且强光下仍需遮阴，以免晒伤。

欧美风格
壁上的多肉花园

欧美风格的房屋外壁都有独特的延伸部分，开拓一下思路，将多肉种植其中，满溢的多肉就像是生长在墙壁上一样，形成了一个另类而又新奇的花园。

让房屋回归自然

虽然现在的人们大多生活在现代化都市中，但出于健康和生活质量的考虑，许多人对原生态的自然的东西情有独钟，在庭院中或阳台上种满了花花草草。

其实，如果有条件，我们不仅可以用多肉植物装饰室内，还可以装饰房屋的外壁。比如，一些欧美风格建筑的外壁上都有延伸处，种上多肉植物，就可使钢筋混凝土建成的现代房屋充满绿意，回归自然。

月兔耳 景天科伽蓝菜属

形态特征：长圆形的叶片呈灰色，密被银色绒毛，叶上缘锯齿状，缺口处有淡红褐色斑。

养护要领：夏季喷雾保湿，冬季保持盆土干燥。